現代暗号のしくみ

共通鍵暗号, 公開鍵暗号から高機能暗号まで

中西 透 [著]
コーディネーター 井上克郎

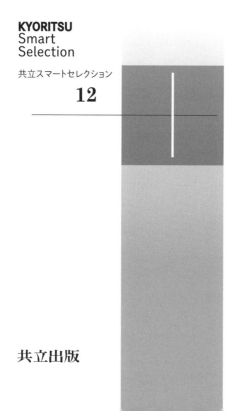

KYORITSU
Smart
Selection

共立スマートセレクション
12

共立出版

共立スマートセレクション（情報系分野）企画委員会

西尾章治郎（委員長）

喜連川　優（委　員）

原　　隆浩（委　員）

本書は，本企画委員会によって企画立案されました．

まえがき

　本書では，現代の暗号・認証技術のしくみについて紹介していきます．

　暗号は，紀元前から存在し，主に戦争における秘密通信を実現するために使用されてきました．暗号は暗号解読との戦いであり，暗号解読により暗号が破られ，暗号が改良されていくという歴史でした．第二次世界大戦においても主要な役割を果たしており，暗号作成と暗号解読の攻防が繰り広げられました．

　一方，今日では，インターネットを代表とするコンピュータネットワークでの安全性を確保するためのセキュリティ技術として，暗号技術とそれを応用した認証技術は盛んに利用されています．インターネットによって世界中の人々が通信できるようになり，Web，SNS，ネットショッピング，インターネット電話，動画配信など様々なサービスが展開されてきています．また，PC，スマートフォンに留まらず，家電，自動車，センサーなど様々な機器がインターネットに接続されようとしています．しかし，インターネットの普及とその利用の多様化に伴なって，インターネット上での不正・犯罪も多発してきています．無線通信など通信の途中で盗聴される恐れがあります．パスワードを盗聴されてしまうと不正アクセスされてしまいます．通信しているサーバが，想定しているサーバと違っているかもしれません．これらの脅威は，現代の暗号・認証技術によって守られています．

　現代の暗号は，第二次世界大戦後，1970年代から発展してきま

した．従来の秘密鍵を共有する共通鍵暗号に加えて，公開鍵暗号と呼ばれる新しい概念が考案されました．公開鍵暗号では，暗号化と復号で異なる鍵を利用する暗号です．これにより，鍵の配送が容易になり，インターネットのようなオープンな環境での暗号利用が容易になりました．また，公開鍵暗号はディジタル署名に応用されています．ディジタル署名は，署名や印鑑の電子版であり，電子文書の改ざん防止と作成者の確認（認証）が行えます．インターネットでのサーバの認証でも利用されています．

　本書では，このような現代の暗号・認証技術のしくみを，予備知識なしで理解できるように紹介しています．また，暗号・認証技術がインターネットでの安全な通信をどのように実現しているかについても解説しています．

　クラウドなどネットワーク環境の多様化に伴ない，暗号・認証技術の研究は，公開鍵暗号・ディジタル署名からさらに進んでいます．本書では，最新の研究の一つである高機能暗号についても平易に解説しています．

　暗号・認証技術は研究者や開発者だけでなく，一般の方々も知っておく必要のある技術になってきました．本書がその入門として役立つことを期待します．

2016 年 12 月

中西　透

目　次

① 暗号とは？ ……………………………………………………… 1

   1.1　暗号の歴史　　1
   1.2　現代の暗号・認証技術の概要　　9
   1.3　本書の構成　　12

② 共通鍵暗号 ……………………………………………………… 13

   2.1　ワンタイムパッド　　13
   2.2　ブロック暗号　　19
   2.3　ブロック暗号のモード　　24

③ 公開鍵暗号 ……………………………………………………… 31

   3.1　公開鍵暗号とは？　　31
   3.2　RSA 暗号　　32
   3.3　エルガマル暗号　　37
   3.4　楕円曲線暗号　　42

④ ハッシュ関数とメッセージ認証 ………………………………… 49

   4.1　ハッシュ関数　　49
   4.2　メッセージ認証 MAC　　53

⑤ ディジタル署名 ………………………………………………… 59

   5.1　ディジタル署名とは？　　59
   5.2　ディジタル署名の安全性　　60
   5.3　RSA 署名　　61
   5.4　エルガマル署名　　64
   5.5　シュノア署名　　67

6 インターネットへの応用 …… 73

- 6.1 サーバ認証　73
- 6.2 公開鍵証明書　74
- 6.3 PKI　76
- 6.4 ハイブリッド暗号　78
- 6.5 SSL/TLS　80
- 6.6 暗号の危殆化　86

7 高機能暗号 …… 89

- 7.1 双線型写像　90
- 7.2 ID ベース暗号　90
- 7.3 検索可能暗号　94
- 7.4 属性ベース暗号　98
- 7.5 放送型暗号　100
- 7.6 準同型暗号　103
- 7.7 グループ署名　104

8 暗号・認証技術の今後 …… 107

参考文献 …… 111

安全，安心なサイバー社会をつくる暗号のしくみを学ぼう
（コーディネーター　井上克郎） …… 113

索　引 …… 119

① 暗号とは？

　本書では，セキュリティの基本技術である暗号技術について紹介していきます．暗号技術には，いわゆる暗号とともに，認証も含まれます．暗号とは，通信内容を秘匿したり，保存しているデータを秘匿したりするものです．認証は通信の正しさを保証する技術であり，通信相手がなりすまされていないことやメッセージが改ざんされていないことを保証します．

1.1　暗号の歴史
　現代の暗号技術について見ていく前に，暗号の歴史を紹介します．

● 暗号の始まり
　暗号は，戦争における秘密通信を実現する技術として，古く紀元前から使用されていました．古代ギリシャ時代には，スパルタにおいてスキュタレー暗号が使われた記録があります．図 1.1 のよう

図1.1 スキュタレー暗号

に，一定の太さの棒（スキュタレー）にテープ状の革紐を巻きつけて，文章を書き込みます．革紐をほどくと，文字の順番が入れ変わって暗号化されます．同じ太さの棒があれば，巻きつけることによって復号することができます．

よく知られている暗号としては，ユリウス・カエサル（シーザー）が用いたとされるシーザー暗号があります．アルファベットの文字を暗号化することを考えた場合，シーザー暗号では，元の文字をアルファベットの順番である数ずらした文字に変換します．3文字ずらす場合，AはDに，BはEに，…と変換されます．ZからはAにループして考えるので，XはAに，YはBに変換されます（図1.2）．

```
平文アルファベット    A B C D E  …  X Y Z
                    ↓ ↓ ↓ ↓ ↓       ↓ ↓ ↓
暗号文アルファベット  D E F G H  …  A B C
```

図1.2 シーザー暗号の暗号化

例えば，「不思議の国のアリス」の以下の文章

> Alice was beginning to get very tired of sitting by her sister on the bank, ...

は，

Dolfh zdv ehjlqqlqj wr jhw yhub wluhg ri vlwwlqj eb khu vlvwhu lq wkh edqn, ...

と変換されます．元の文章に戻す場合は，各文字をアルファベット上で3文字逆方向に戻すことによりできます．

　以降で用いる用語を定義しておきます．暗号にする元の文章やデータのことを**平文**（plaintext）と呼びます．暗号にされたものを**暗号文**（ciphertext）と呼びます．暗号文にする処理のことを**暗号化**（encryption）と呼び，暗号文から元の平文に戻す処理のことを**復号**（decryption）と呼びます．復号の際に，秘密の情報を用います．シーザー暗号の場合は，ずらす文字数（上記の例では3）にあたります．この情報のことを**鍵**（key）と呼びます．

　ここで登場した二つの暗号は，転置式暗号と換字式暗号の最も基本的なものです．転置式暗号とは，平文の文字の順番を入れ替える操作を用いた暗号です．換字とは，平文の各文字を別の文字に置き換える操作を用いています．

　暗号の歴史は，**暗号解読**（cryptanalysis）との戦いでもあります．暗号解読というのは，復号に必要な鍵を知ることなく暗号文から平文を求めることです．シーザー暗号の解読を考えてみましょう．まず一つの方法は，総当たりによる解読です．アルファベット上でのずらし方は25通りしかありません．こうして，25通りのずらし方を全て試して復号を行えば，必ず元の平文が復元できてしまいます．暗号を強くするためには，総当たりをしても膨大な計算時間が必要となるように設計されなければなりません．

　シーザー暗号を工夫すると，総当たりに強くすることができます．シーザー暗号では，ずらすことだけを考えましたが，各文字への変換の対応表を用意して暗号化することが考えられます．このよ

```
平文アルファベット    A  B  C  D  E  …  X  Y  Z
                     ↓  ↓  ↓  ↓  ↓      ↓  ↓  ↓
暗号文アルファベット   D  L  Q  I  C  …  P  N  X
```

図 1.3　単一換字式暗号の暗号化

うな暗号は，単一換字式暗号と呼ばれます．図 1.3 のような暗号化を考えます．暗号文アルファベットの順番はばらばらに並び換えたものになっています．このときの鍵は，この対応表になります．暗号化する人も復号する人も同じ暗号化の対応表を持つ必要があります．これはデメリットですが，総当たりには強くなっています．変換の仕方は，アルファベットの全ての並び換えのパターンの数だけありますから，膨大な数になります．このため，総当たりは困難になります．

　シーザー暗号も含めた単一換字式暗号は，**頻度解析**(frequency analysis) に弱いという問題があります．平文の各文字の出現頻度が異なります．英文の場合，E が最も出現頻度が高く，続いて A や I などの出現頻度も高いです．一方，X や Z は出現頻度が非常に低くなります．単一換字式暗号では，平文中の同じ文字は別の同じ文字に変換されます．シーザー暗号の例では，E は常に H に変換されます．このため，暗号文中でも各文字の出現頻度が異なり，平文の高頻度の文字に対応した暗号文中の文字（シーザー暗号の例での E に対する H）は頻度が高くなります．これを利用すると，暗号文を解読することができます．暗号文中の各文字の頻度を調べて，最も高い頻度の文字は E から変換されたものだろうと分かるということです．

● ヴィジュネル暗号

単一換字式暗号の問題は，同じ変換表を用いて，平文の各文字を暗号文に変換しているためです．それに対して，16世紀に，平文の文字ごとに変換表を変えていく多表式換字暗号が考案されました．その中で有名なものとして，ヴィジュネル暗号があります．ヴィジュネル暗号では，図1.4のヴィジュネル方陣を使って暗号化を行います．

図1.4の最上行が平文アルファベットにあたり，最左列が鍵に

	A	B	C	D	E	F	G	H	I	J	K	L	M	N	…
A	A	B	C	D	E	F	G	H	I	J	K	L	M	N	…
B	B	C	D	E	F	G	H	I	J	K	L	M	N	O	…
C	C	D	E	F	G	H	I	J	K	L	M	N	O	P	…
D	D	E	F	G	H	I	J	K	L	M	N	O	P	Q	…
E	E	F	G	H	I	J	K	L	M	N	O	P	Q	R	…
F	F	G	H	I	J	K	L	M	N	O	P	Q	R	S	…
G	G	H	I	J	K	L	M	N	O	P	Q	R	S	T	…
H	H	I	J	K	L	M	N	O	P	Q	R	S	T	U	…
I	I	J	K	L	M	N	O	P	Q	R	S	T	U	V	…
J	J	K	L	M	N	O	P	Q	R	S	T	U	V	W	…
K	K	L	M	N	O	P	Q	R	S	T	U	V	W	X	…
L	L	M	N	O	P	Q	R	S	T	U	V	W	X	Y	…
M	M	N	O	P	Q	R	S	T	U	V	W	X	Y	Z	…
N	N	O	P	Q	R	S	T	U	V	W	X	Y	Z	A	…
O	O	P	Q	R	S	T	U	V	W	X	Y	Z	A	B	…
P	P	Q	R	S	T	U	V	W	X	Y	Z	A	B	C	…
Q	Q	R	S	T	U	V	W	X	Y	Z	A	B	C	D	…
R	R	S	T	U	V	W	X	Y	Z	A	B	C	D	E	…
S	S	T	U	V	W	X	Y	Z	A	B	C	D	E	F	…
T	T	U	V	W	X	Y	Z	A	B	C	D	E	F	G	…
U	U	V	W	X	Y	Z	A	B	C	D	E	F	G	H	…
V	V	W	X	Y	Z	A	B	C	D	E	F	G	H	I	…
W	W	X	Y	Z	A	B	C	D	E	F	G	H	I	J	…
X	X	Y	Z	A	B	C	D	E	F	G	H	I	J	K	…
Y	Y	Z	A	B	C	D	E	F	G	H	I	J	K	L	…
Z	Z	A	B	C	D	E	F	G	H	I	J	K	L	M	…

図1.4　ヴィジュネル方陣

なります．その行と列が交わるところが暗号アルファベットになります．単一換字式暗号とは異なり，ヴィジュネル暗号では鍵が複数のアルファベット，すなわち鍵文になります．例として，平文 'ALICE'，鍵文 'RED' の場合を考えます．まず平文アルファベット A を鍵 R を用いて暗号化します．A の列と R の行が交じわるところは R なので，暗号アルファベット R を得ます．同様に，平文アルファベット L と鍵 E で暗号アルファベット P を，平文アルファベット I と鍵 D で暗号アルファベット L を得ることができます．鍵文の長さが平文の長さより短い場合は，再び同じ鍵文で暗号化していきます．よって，平文アルファベット C と鍵 R で暗号アルファベット T を，平文アルファベット E と鍵 E で暗号アルファベット I を得ることができます．結果として，'ALICE' の暗号文 'RPLTI' が得られます．この後，もし平文で A が来た場合，平文アルファベット A と鍵 D なので，暗号文アルファベットは D となり，最初の A の暗号アルファベット R とは異なることになります．このように，鍵が変わっていくことで，平文アルファベットと暗号文アルファベットの対応が変わり，元の平文の頻度が変わることになります．

　ヴィジュネル暗号は，単一換字式暗号よりも安全になっていますが，鍵をループさせて使用するために，文字の頻度の差が完全になくなっているわけではありません．また，鍵を推測できると暗号文を解読できてしまいます．このため，鍵は長ければ長いほど安全になります．また，鍵で使用する文字の頻度も暗号文に影響するので，鍵はランダムな方が安全になります．しかし，そのような鍵を秘密で通信者間で共有しあい，ヴィジュネル方陣のような変換表を用いて暗号化を行うことは，手作業では大変難しいという問題があります．

● エニグマ暗号

有名な暗号機としてエニグマがあります．シェルビウスによって発明され，ナチスドイツにおいて使用されました．エニグマは暗号化と復号を行うことのできる，タイプライター型の機械です．キーボードから入力すると，暗号化の場合は対応する暗号文の文字が表示板（ランプボード）に表示されます．復号もエニグマにより，同様にキーボードから暗号文を入力することにより，復号された平文がランプボードに表示されます．エニグマでは，キーボードとランプボードの間に，変換表に対応するローターが3枚入っていて，文字に変換します．図1.5に，アルファベットがAからJまでの場合のエニグマの構成を示します（実際には，AからZまでの26文字が同様に接続されます）．キーボードのキーからローター1に結線されています．各ローターでは，入力と出力の対応を変更します．ローター1からローター2，ローター3に接続されて変換された後，

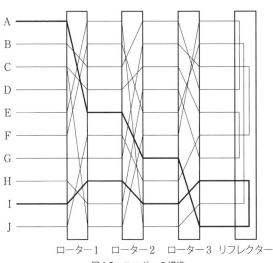

図 1.5　エニグマの構造

リフレクターと呼ばれる装置で反転し，再び各ローターを経由してランプボードの各文字の表示部に接続されています．この図の例では，AがIに変換されています．各ローターはキーボードから入力する度に回転し，変換表が変わっていきます．このように，手間のかかる鍵を変更しながらの変換表の処理が自動的に行われるようになっています．さらに，エニグマでは，キーボードとローター1の間にプラグボードと呼ばれる装置があり，これによりキーボードとローター1の間の配線を入れ替えることができます．

　上記の構成だけでは，エニグマが敵国に渡った場合，敵国も復号できてしまいます．このため，エニグマでは，毎日，ローターの初期位置を変更したりプラグボードの配線を入れ替えるように運用していました．これらの初期設定が鍵にあたります．

　敵国であるポーランドやイギリスでは，エニグマの解読が行われました．スパイによりエニグマの構造が判明しましたが，解読には鍵である初期設定が必要となります．もし初期設定を総当たりで見つけようとすると膨大な時間がかかります．しかし，解読者たちは，エニグマの弱点を利用することにより，総当たりよりも非常に短かい時間で解読を行いました．エニグマでは，毎日，初期設定後，通信ごとにローターの位置を変更してから暗号通信を行います．通信ごとのローターの位置は通信鍵と呼ばれ，初期設定後，通信の始めに暗号化して送信されます．3文字を2回反復して送信するのですが，そのパターンを利用して解読に成功しました．ドイツ側も通信鍵送信時の反復を止め，ローターの数を増やすことにより解読を困難にしようとしますが，コンピュータの父と呼ばれるアラン・チューリングを中心とした暗号解読グループにより，他のエニグマの弱点を利用して暗号文は解読され，機密情報は連合国側に漏れていました．

1.2 現代の暗号・認証技術の概要

本書の主題である現代の暗号・認証技術の概要を紹介します．

● 共通鍵暗号と公開鍵暗号

暗号を用いた通信のモデルを図 1.6 に示します．

ここでは，盗聴者が存在しうる公開された通信路を考えます．例えば，無線 LAN や携帯電話網のような無線による通信では，想定している者以外にも，受信されてしまいます．情報・データを送信する者を**送信者**（sender），受信する者を**受信者**（receiver）と呼びます．平文から暗号化により暗号文が生成されますが，このとき，送信者は鍵を用います．同様に，送信者も，対応する鍵を用いて，暗号文から平文に変換します．一方，通信路から盗聴者も暗号文を受信できますが，鍵なしでの解読は困難になっています．

現代の暗号では，**共通鍵暗号**（common key cryptosystem）と**公開鍵暗号**（public key cryptosystem）という二つのタイプの暗号があります．共通鍵暗号とは，暗号の歴史（1.1 節）で紹介した暗号

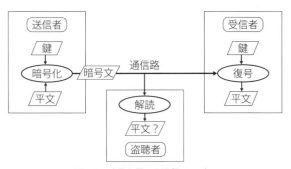

図 1.6 暗号を用いた通信のモデル

と同様に,送信者の鍵と受信者の鍵が同一となるものです.ある鍵に基づいて暗号化の処理をする場合,転置式暗号や換字式暗号では,同じ鍵を用いれば逆方向の処理ができるように設計できるので,従来の暗号は全て共通鍵暗号でした.現代の暗号では,復号の処理(アルゴリズム)は,暗号化の処理とともに公開されています.これにより,世界中の暗号研究者により安全性の詳細な評価がなされています.鍵の総当たりよりも速く計算できる解読方法はないか検討されています.このため,復号の鍵は必ず秘匿される必要があります.共通暗号では鍵が共通なので,秘密の鍵を送信者と受信者間で持ち合う(共有する)必要があります(図1.7).

一方,公開鍵暗号とは,送信者と受信者の鍵が異なるものです(図1.8).復号鍵は秘匿しなければなりませんが,暗号化鍵は公開す

図1.7 共通鍵暗号のモデル

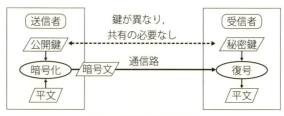

図1.8 公開鍵暗号のモデル

ることができます.復号鍵は秘密鍵と呼ばれ,暗号化鍵は公開鍵と呼ばれます.このため,このタイプの暗号は公開鍵暗号と呼ばれます.公開鍵を秘匿して共有する必要がないため,公開された通信路を用いて鍵のやりとりが行えるというメリットがあります.

● 認証

認証とは,通信の正しさ,すなわち通信相手や送信しているデータ(メッセージと呼びます)が正しいことを保証する技術です.通信相手がなりすまされていないことやメッセージが改ざんされていないことを保証します.インターネットでの通信では,相手が見えないため,なりすましの恐れがあります.ネット銀行にアクセスしているつもりが,別の不正者のサイトに誘導されている可能性があります.

現代の代表的な認証技術として,**メッセージ認証**(message authentication)と**ディジタル署名**(digital signature)があります.ディジタル署名は電子署名とも呼ばれます.

メッセージ認証は,送信者・受信者間のメッセージの正当性を保証する技術です.そのモデルを図1.9に示します.メッセージ認証では,共通鍵暗号と同様に,秘密鍵の共有を前提としています.送信者は秘密鍵とメッセージから認証用のデータである認証子を作成

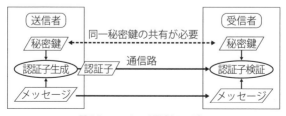

図1.9 メッセージ認証のモデル

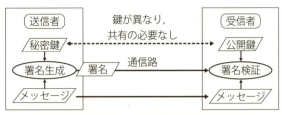

図1.10 ディジタル署名のモデル

して，メッセージとともに受信者へ送信します．受信者は，同一の秘密鍵を用いて受信したメッセージと認証子が対応していること（すなわち改ざんされていないこと）を検証できます．

ディジタル署名は，メッセージ認証の公開鍵バージョンになります．そのモデルを図1.10に示します．認証子にあたるデータは署名と呼ばれます．公開鍵暗号に基づくので，送信者と受信者の鍵は異なり，事前に鍵共有する必要はありません．ただし，公開鍵暗号とは違って，送信者が秘密鍵を持ち，受信者が公開鍵を持つことに注意してください．

1.3 本書の構成

本書の構成は以下の通りです．2章では共通鍵暗号について，現在よく利用されているブロック暗号を主として，そのしくみを解説します．3章では現代暗号の代表である公開鍵暗号を紹介します．続いて，4章では共通鍵を使った認証であるメッセージ認証を，5章では公開鍵暗号の応用であるディジタル署名を紹介します．6章ではインターネットでのセキュリティを確保するために，暗号・認証技術がどのように応用されているかについて解説します．最後に，7章では最新の研究として，クラウドなど現在の通信環境の変化に対応した暗号・認証である，高機能暗号について紹介します．

共通鍵暗号

本章では，送信者・受信者が同一の秘密鍵を利用する**共通鍵暗号** (common key cryptosystem) について紹介します．

図 2.1　共通鍵暗号のモデル

2.1 ワンタイムパッド

● ワンタイムパッドとは？

最初に究極の共通鍵暗号である**ワンタイムパッド** (one time pad) について見ていきましょう．1.1 節で紹介した旧来の暗号では，頻度解析のように，暗号文中のアルファベットに統計的な偏りがあ

るために解読されてしまいました.このような偏りを完全になくしたものがワンタイムパッドになります.平文と秘密鍵をビット列(0または1の系列)で考えます.ビットごとに排他的論理和(XOR)という演算を行いますが,その演算は図2.2のように定義されます.

$$0 \oplus 0 = 0$$
$$0 \oplus 1 = 1$$
$$1 \oplus 0 = 1$$
$$1 \oplus 1 = 0$$

図2.2 XOR の演算

ワンタイムパッドの暗号化では,平文と秘密鍵が同一の長さのビット列として,ビットごとに XOR を取ったビット列が暗号文になります.例えば,

```
平文    1 1 1 1 1 1 0 0 0 1 1 …
        ⊕ ⊕ ⊕ ⊕ ⊕ ⊕ ⊕ ⊕ ⊕ ⊕ ⊕ …
秘密鍵  1 0 0 1 0 1 0 1 1 0 1 …
        ↓ ↓ ↓ ↓ ↓ ↓ ↓ ↓ ↓ ↓ ↓ …
暗号文  0 1 1 0 1 0 0 1 1 1 0 …
```

のように暗号文は計算されます.ワンタイムパッドでは,秘密鍵はランダム(真の乱数)である必要があります.上記の例では,平文は偏ったビット列になっていますが,XOR により計算された暗号文は,秘密鍵と同様にランダムなように見えます.

真の乱数とはどういうものでしょうか? 真の乱数(ビット列)とは,途中までのビット列を得たときに,その次のビットの値が0であるか1であるか推測できないものです.予測できないということは,各ビットの0と1の出現が等確率,すなわち1/2になります.

ワンタイムパッドの復号は,任意のビット M, K, C に対して,$M \oplus K = C$ ならば $M = C \oplus K$ であることを利用します.これは,

$$0 \oplus 0 = 0 \quad \rightarrow \quad 0 = 0 \oplus 0$$
$$0 \oplus 1 = 1 \quad \rightarrow \quad 0 = 1 \oplus 1$$
$$1 \oplus 0 = 1 \quad \rightarrow \quad 1 = 1 \oplus 0$$
$$1 \oplus 1 = 0 \quad \rightarrow \quad 1 = 0 \oplus 1$$

から分かります.こうして,暗号文と秘密鍵をビットごとに XOR することにより,平文が得られます.上記の例では,

```
暗号文  0 1 1 0 1 0 0 1 1 1 0 …
       ⊕ ⊕ ⊕ ⊕ ⊕ ⊕ ⊕ ⊕ ⊕ ⊕ ⊕ …
秘密鍵  1 0 0 1 0 1 0 1 1 0 1 …
       ↓ ↓ ↓ ↓ ↓ ↓ ↓ ↓ ↓ ↓ ↓ …
平文    1 1 1 1 1 1 0 0 0 1 1 …
```

となります.

● **ワンタイムパッドの安全性**

さて,ワンタイムパッドの安全性について考えていきましょう.この安全性は,情報理論の創始者であるクロード・シャノンにより示されていて,確率に基づきます.

ビット間の依存関係がないので,1 ビットに着目します.1 ビットの平文を M,秘密鍵を K,暗号文を C とします.それぞれ 0 か 1 をとります.このとき,

$$Pr(K = 0) = Pr(K = 1) = 1/2$$

です.ここで,$Pr(\cdots)$ は $\cdots$ が起こる確率です.すなわち,秘密鍵

K はランダムなので,$K=0$ も $K=1$ も 1/2 の等確率で発生します.次に $Pr(C=0)$ を考えましょう.

$$Pr(C=0) = Pr(C=0 \wedge M=0) + Pr(C=0 \wedge M=1) \quad (2.1)$$

が成り立ちます(記号 $\wedge$ は "かつ" を意味し,$\wedge$ の前後の条件が両方成り立つということです).$C=0$ のときの確率は,$C=0$ かつ元の平文 M が 0 であったときと,$C=0$ かつ平文 M が 1 であったときとに場合分けできるので,上の式 (2.1) が成り立ちます.

一方,

$$Pr(C=0 \wedge M=0) = Pr(K=0 \wedge M=0) \quad (2.2)$$

が成り立ちます.$M=0$ のときに $C=M \oplus K=0$ となるのは,XOR の定義から $K=0$ のときしかないので,この式が成り立ちます.

K の発生は M と独立である(依存関係がない)ため,

$$Pr(K=0 \wedge M=0) = Pr(K=0)Pr(M=0)$$
$$= 1/2 \cdot Pr(M=0)$$

から,式 (2.2) より,

$$Pr(C=0 \wedge M=0) = 1/2 \cdot Pr(M=0)$$

となります.同様に,

$$Pr(C=0 \wedge M=1) = 1/2 \cdot Pr(M=1)$$

です.こうして,上の式 (2.1) から

$$Pr(C=0) = 1/2 \cdot Pr(M=0) + 1/2 \cdot Pr(M=1)$$
$$= 1/2 \cdot \{Pr(M=0) + Pr(M=1)\}$$

となりますが，

$$Pr(M=0) + Pr(M=1) = 1$$

なので，

$$Pr(C=0) = 1/2$$

であることが分かります．同様の議論により，

$$Pr(C=1) = 1/2$$

も示せます．これらが意味しているのは，暗号文の各ビット C の 0 と 1 の発生確率が各ちょうど $1/2$ である，すなわちランダムに発生しているということです．

このとき，$Pr(M=0|C=0)$ を考えます．この確率は，$C=0$ であると分かっているときの $M=0$ の確率（条件付き確率）です．条件付き確率の定義から，

$$Pr(M=0|C=0) = Pr(M=0 \land C=0)/Pr(C=0)$$

です．上で調べたように，$Pr(C=0) = 1/2$ であり，

$$Pr(M=0 \land C=0) = 1/2 \cdot Pr(M=0)$$

なので，

$$\begin{aligned} Pr(M=0|C=0) &= Pr(M=0 \land C=0)/Pr(C=0) \\ &= \frac{1/2 \cdot Pr(M=0)}{1/2} \\ &= Pr(M=0) \end{aligned}$$

が得られます．すなわち，$C=0$ を知ったときの $M=0$ となる確

率は,何も知らずに $M=0$ となる確率と同じということであり,$C=0$ を知ることが $M=0$ を知ることに全く役立たないということになります.他の C,M の値についてもこのことがいえるため,暗号文を見ても平文の情報は全く得られないということになります.このことは,"当てずっぽう" と同じ確率でしか暗号文から平文を解読できないということであり,完全な安全性を持つことを意味します.

上で見たように,ワンタイムパッドは完全な安全性を持つ暗号ですが,インターネット上での暗号化にはほとんど使用されていません.なぜでしょうか? それは,平文の長さと同じ長さの秘密鍵が必要となるためです.例えば,1 MB のデータを暗号化して送信するのに,同じ 1 MB の秘密鍵を事前に共有しておく必要があります.インターネットの環境では,このような秘密鍵の共有には大変手間がかかるため,ワンタイムパッドはめったに使用されません.後で紹介するように,安全性が落ちても十分実用的な暗号技術があります.ワンタイムパッドが使用されるのは,非常に重要な政治的な機密を通信する場合ぐらいでしょう.

ワンタイムパッドでは真の乱数を秘密鍵として使用しますが,長い秘密鍵では利用に問題があるため,コンピュータがあるアルゴリズムに基づいて生成した擬似乱数を利用する暗号もあります.このような暗号は**ストリーム暗号** (stream cipher) と呼ばれます.その安全性は,擬似乱数の強さ(真の乱数にどのぐらい近いか)に依存します.

2.2 ブロック暗号

ブロック暗号（block cipher）とは，平文をある一定の長さごとに区切ってブロックとし，ブロックごとに暗号化を行う共通鍵暗号の方法です．DES や AES などがあります．ただし，ブロック長より長い平文を暗号化する場合には，2.3 節で説明するモードを使用する必要があります．

● DES

DES（Data Encryption Standard）は，1977 年にアメリカの国立標準局（NBS: National Bureau of Standards，現在の NIST: National Institute of Standards and Technology）により標準として採用されたブロック暗号です．

1 ブロックのサイズ（ブロック長）は 64 ビットです．秘密鍵も 64 ビットでとりますが，そのうちの 8 ビットはパリティビットと呼ばれる値で，鍵が誤っていないかを検出するために用いられます．このため，乱数となる実質的な鍵のサイズは 56 ビットになります．

DES の暗号化の処理は，**Feistel 構造**（Feistel structure）と呼ばれる"らせん状"の構造を取ります（図 2.3）．Feistel 構造では，復号も同じ構造になる特徴があります．最初に，初期転置（IP: Initial Permutation）により，入力の平文ブロック 64 ビットの配置を入れ替えます．その後，16 のラウンドからなり，最後に，最終転置（IP^{-1}）により，初期転置と逆の処理が行われ，暗号文が出力されます．各ラウンドにおいては，入力データは 2 分割され，右側 32 ビットは F 関数へ入力され，入力データ左側 32 ビットと F 関数の出力の XOR が次のラウンドの右 32 ビットの入力として送られます．また，前のラウンドの右 32 ビットは次のラウンドの左側 32 ビ

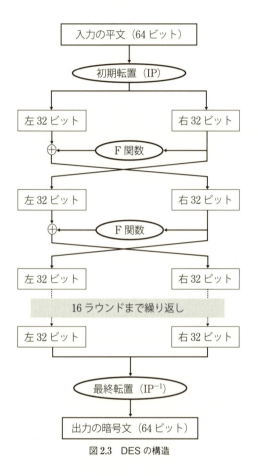

図2.3 DESの構造

ット入力にもなります.F関数にはラウンド鍵も入力されます.ラウンド鍵は,元の秘密鍵から各ラウンド用に生成されます.

次に,F関数の中身を見てみます.まず,入力データはラウンド鍵とXORされます.次にSボックスと呼ばれる変換により,別の値に置換されます.最後に,転置によりビットの並び換えがされま

す．このように，ラウンド鍵とミックスしながら変換することにより，暗号文から平文への解析を防ごうとしています．

復号は同じ Feistel 構造により行われます．ただし，ラウンド鍵を逆順に入力します．つまり，ラウンド 1, ..., 16 で用いたラウンド鍵をそれぞれ $K_1, K_2, ..., K_{16}$ としたとき，逆順に $K_{16}, K_{15}, ..., K_1$ の順で各ラウンドの F 関数に入力すると復号が行えます．この理由について考えてみましょう．i 番目のラウンドの左の入力 32 ビットを L_{i-1}，右の入力 32 ビットを R_{i-1} とします．このラウンドの出力（左 L_i，右 R_i）は，$R_i = L_{i-1} \oplus F_{K_i}(R_{i-1})$, $L_i = R_{i-1}$ となります．ここで，F_{K_i} はラウンド鍵 K_i を用いた F 関数です．前節で見たように，XOR の計算では，ある値を XOR した後，もう一度 XOR すると元に戻るので，$L_{i-1} = R_i \oplus F_{K_i}(R_{i-1}) = R_i \oplus F_{K_i}(L_i)$ となります．また，$R_{i-1} = L_i$ です．このようにして，1 ラウンド分，(L_i, R_i) から (L_{i-1}, R_{i-1}) へと復号できることが分かります．これを 16 ラウンド目の出力（暗号文）から続けると 1 ラウンド目の入力（すなわち平文）が得られることになります．L_i と R_i を入れ替えると，暗号化のときと同じ処理をしており，同じ Feistel 構造により逆順で復号できることになります．

● DES の解読

既に，DES は解読できることが示されています．すなわち，現在のコンピュータ環境では，使用すべきではありません．秘密鍵が 56 ビットと短いため，2^{56} 個の全ての秘密鍵の候補について，総当たりで復号を試すことにより，必ず復号することができます．1990 年代後半に，DES の鍵を総当たりで見つけるコンテストが開かれ，解読されることが示されました．また，総当たりよりも短かい計算時間で解読する方法として，差分解読法や線形解読法も知ら

れています.

安全ではなくなったDESの代替案として,秘密鍵を複数用いる**トリプルDES**(Triple DES)があります.名前の通り,3回のDESの処理により暗号化を行います.ただし,2回目は復号の処理が使われます(図2.4).2回目に復号の処理が入っている理由はノーマルのDESに対する互換性のためです.秘密鍵1,秘密鍵2,秘密鍵3を同一にした場合を考えます.このとき,同じ秘密鍵で暗号化して復号するので,一度元の平文に戻ります.それに対して,もう一回秘密鍵で暗号化することになるので,ノーマルのDESを一回行った場合と同じになります.一方,3つの異なる秘密鍵を用いた場合(3-key Triple DES),鍵長は56ビット×3＝168ビットになります.こうして,総当たりの攻撃をしようとしても2^{168}個の秘密鍵を試す必要があるので,安全性は高まっています.しかし,上記のような攻撃法が知られていることと,暗号化・復号の処理のスピードが劣ることから,次節のAESを用いる方が望ましいです.

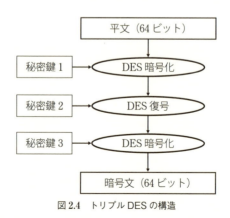

図2.4 トリプルDESの構造

● **AES**

DESの安全性に問題が出てきたことから,アメリカの標準化機関であるNISTは代替となる暗号を1997年に公募しました.世界中から方式の提案があり,世界中の研究者による評価が行われた結果,最終的に2000年にRijndael(ラインダール)という方式が標準暗号として採用されることが決まりました.Rijndaelは,ベルギーの暗号研究者Joan DaemenとVincent Rijmenによって設計されています.安全性だけでなく,ソフトウェア・ハードウェアの両面で高速に動作するかも評価対象になっています.DESに代わる標準暗号であり,**AES**(Advanced Encryption Standard)と呼ばれます.

総当たり攻撃の対策として,鍵長は可変となっていて,128,192,256ビットから選べます.ブロック長は128ビットです.AESは,DESのようなFeistel構造ではなく,**SPN 構造**(SPN (Substitution-Permutation Network) structure)と呼ばれる構造で暗号化が行われます.128ビットのブロックを1バイトずつで切り分けて,4×4の行列を構成して処理が行われます.各ラウンドは,以下の4つのステップから構成されています.

・**AddRoundKey**:秘密鍵から導出された各ラウンド用の鍵とXORをとります.
・**SubBytes**:1バイトごとに,Sボックスにより別のバイトに置換されます.
・**ShiftRows**:行列の2〜3行目においてバイト単位で位置をずらします(図2.5).例えば,2行目では,1バイトずつ左へ循環シフトしています.
・**MixColumns**:ある固定の行列と行列の掛け算を行います.

$a_{0,0}$	$a_{0,1}$	$a_{0,2}$	$a_{0,3}$
$a_{1,0}$	$a_{1,1}$	$a_{1,2}$	$a_{1,3}$
$a_{2,0}$	$a_{2,1}$	$a_{2,2}$	$a_{2,3}$
$a_{3,0}$	$a_{3,1}$	$a_{3,2}$	$a_{3,3}$

→

$a_{0,0}$	$a_{0,1}$	$a_{0,2}$	$a_{0,3}$
$a_{1,1}$	$a_{1,2}$	$a_{1,3}$	$a_{1,0}$
$a_{2,2}$	$a_{2,3}$	$a_{2,0}$	$a_{2,1}$
$a_{3,3}$	$a_{3,0}$	$a_{3,1}$	$a_{3,2}$

図 2.5 ShiftRows における行列での各行のバイトのシフト

128 ビット鍵長の場合，AddRoundKey を一度行った後，SubBytes, ShiftRows, MixColumns, AddRoundKey を 9 ラウンド繰り返し，最後に SubBytes, ShiftRows, AddRoundKey を 1 度行います．AES では，バイト単位で処理を行うため，ソフトウェア・ハードウェアの両面で高速に動作します．

復号は逆順で行っていきます．AddRoundKey はラウンド鍵との XOR なので，同様にラウンド鍵との XOR することにより元のデータに戻ります．SubBytes, ShiftRows, MixColumns については，それぞれ逆変換である InvSubBytes, InvShiftRows, InvMixColumns を施すことにより，順次復号されていきます．

2.3 ブロック暗号のモード

ブロック暗号は，固定されたブロック長の一つのブロックを対象として暗号化・復号を定義します．しかし，通常，暗号化したいデータはブロック長より長く，この場合，以下で示す**モード**(mode of operation) を利用する必要があります．

● **ECB モード**

単純な方法として，**ECB** (Electric Code Book) モードがあります．ECB モードでは，各ブロックを独立してブロック暗号により暗号化します (図 2.6)．すなわち，平文をブロック長ごとに分割し

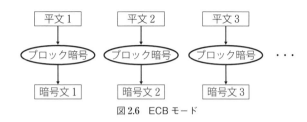

図 2.6 ECB モード

て，平文ブロックとし（平文 1，平文 2，平文 3，...），それぞれを同じ秘密鍵を用いてブロック暗号により暗号化して，それぞれの暗号文（暗号文 1，暗号文 2，暗号文 3，...）を得ることができます．

復号も単純で，暗号文をブロック長ごとに分割した暗号文 1，暗号文 2，暗号文 3，...に対して，同一鍵によるブロック暗号の復号を行い，平文のブロック（平文 1，平文 2，平文 3，...）を得ることができます．

処理が簡単で，独立して処理できるため並列化も容易ですが，問題があります．同じ秘密鍵を各ブロックで使用するので，同じ平文ブロックを暗号化すると，同じ暗号文ブロックが出力されます．このため，暗号文を見ることにより，平文の各ブロックが同じかどうかをチェックできてしまいます．このことは，平文の情報を漏らしていることを意味します．単純な例としては，質問の回答として "Yes" と "No" の二つのみの平文を暗号化して返事する場合を考えます．ECB モードを用いると，"Yes" の暗号文は全て同じになります．"No" も同様です．これにより，盗聴者は暗号文から "Yes"，"No" のどちらかは分かりませんが，どちらかが非常に多く返事されているといった情報が分かり，そのことを利用して，解読される可能性があります．また，何らかの別の手法により，一つの暗号文の平文が解析されると，同じ平文の全ての暗号文が解析されることになります．他にも，画像データを暗号化した場合，暗号

化した後もピクセルの色情報のパターンが残り,元の画像データを推測できてしまいます.

● CBC モード

ECB モードが安全でない原因は,秘密鍵を固定してしまうと,平文入力が同じ場合に暗号文出力が同じになってしまうためです.その対策として,同じ平文でも,暗号化する前に何らかの加工をして,異なる入力にしてしまうことが考えられます.最もよく使用されている **CBC**（Cipher Block Chaining）モードでは,前ブロックの暗号文出力と平文ブロックを連鎖させることにより,平文の加工をしています.図 2.7 に CBC モードの暗号化方法を示します.各平文ブロックは,前ブロックの暗号文出力とビットごとの XOR を行った後でブロック暗号化されます.ただし,1 番目のブロックは,IV（Initial Vector）と呼ばれる初期値と XOR されます.暗号文出力はランダムな値なので,それと XOR することにより,同じ平文ブロックでも異なる値となってブロック暗号化され,異なる暗号文ブロックが出力されることになります.

図 2.8 は,CBC モードにおける復号方法を示します.この図では,一番下に入力の暗号ブロックを記述し,上方向に処理されています.CBC モードの暗号化では,ブロック暗号化を関数 E で表す

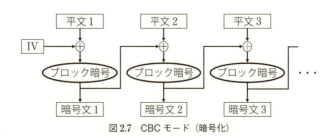

図 2.7 CBC モード（暗号化）

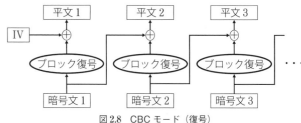

図 2.8 CBC モード（復号）

と，平文 1 (P_1) と IV (IV) の XOR が暗号化されているので，出力である暗号文 1 (C_1) は $C_1 = E(P_1 \oplus IV)$ と書くことができます．ブロック復号を関数 D で表すと，$D(C_1) = P_1 \oplus IV$ ということになります．先程から何度も出てきているように，XOR は 2 度行うとキャンセルされるので，$P_1 \oplus IV \oplus IV = P_1$ となります．こうして，$D(C_1) \oplus IV$ により P_1 が復号されることが分かります．他のブロックも同様に，$D(C_i) \oplus C_{i-1} = P_i$ により復号できるので，図 2.8 のように連鎖させて CBC モードは復号できることが分かります．

CBC モードの特徴について見ていきましょう．暗号化については，前のブロックの暗号化が終わらないと，次のブロック暗号化の入力が確定しませんので，最初のブロックから順番に暗号化していく必要があります．すなわち，並列化して各ブロックを同時に暗号化処理することができません．コアが複数ある最近の CPU では並列化して処理できますが，CBC モードの暗号化はそれができないため，速度が遅くなります．ハードウェアで暗号処理を実装する場合もあり，並列化も可能ですが，やはり CBC モードの暗号化は並列化できないことになります．一方，復号については，入力において，前のブロックの暗号文は既に存在するので，並列化が可能であり，高速に動作することになります．CBC モードのもう一つの特徴として，暗号文ブロックのエラー伝搬があります．暗号文 i でエ

ラーが発生して正しくない暗号文に置き換わったとします。すると，当然，この i 番目のブロックの復号に失敗しますが，暗号文 i は暗号文 $i+1$ を復号するときにも利用するので，$i+1$ 番目のブロックの復号も失敗することになります。

IV は復号に必要なので，暗号文とともに送る必要があり，盗聴者にも見えてしまいます。このため，IV を使い回してしまうと，同じ値で平文 1 をスクランブルすることになるので，ECB モードのように同じ平文から同じ暗号文が出力され安全でなくなります。

● **CTR モード**

CTR（CounTeR）モードでは，ブロック暗号を用いて擬似乱数を生成して，ワンタイムパッドのように平文と擬似乱数を XOR することにより，ブロック長より大きい平文の暗号化を行います。図 2.9 に CTR モードの暗号化処理を示しています。CTR モードでは，カウンターからブロック暗号化を用いて擬似乱数を生成します。カウンターは初期値があり図 2.9 では CTR により表しています。最初のブロックでは，CTR からブロック暗号化により生成された CTR の暗号文を擬似乱数として用います。本来の暗号化とは異なる使用方法になり，この CTR の暗号文を復号することはありません。ブロック暗号における暗号文の擬似乱数性を利用するも

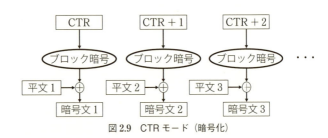

図 2.9　CTR モード（暗号化）

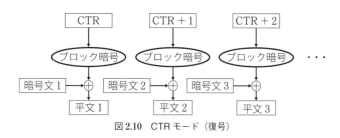

図 2.10　CTR モード（復号）

のです．この生成した擬似乱数を平文 1 に XOR することにより暗号文 1 を得ています．次のブロックでは，カウンターを 1 増やした CTR+1 を入力として擬似乱数を生成し，同様に XOR しています．カウンターの値が異なるので，ブロック暗号化は異なる擬似乱数を返します．以降のブロックでも同様にカウンターを増やしながら暗号化していきます．

CTR モードの復号処理を図 2.10 に示します．暗号化処理と非常に似ており，平文 1，平文 2，... と暗号文 1，暗号文 2，... が各ブロックで入れ替わっただけです．XOR を二度行うとキャンセルされることを利用していて，各ブロックの暗号文にもう一度，カウンターとブロック暗号化から生成された同じ擬似乱数を XOR することにより，擬似乱数をキャンセルして復号しています．

CTR モードの安全性について考えます．各ブロックにおいてカウンターの値は 1 ずつ変化するので，ブロック暗号化により出力される擬似乱数の値は毎回変わります．このため，同じ平文ブロックがあったとしても，XOR される擬似乱数の値が違うために，出力暗号文ブロックは異なることになります．カウンターの初期値 CTR については，CBC モードの IV と同じことがいえます．すなわち，CTR が同じ場合，生成される擬似乱数は同じとなるために，同じ平文ブロックが同じ暗号文ブロックに変換されてしまうことに

なります.

　CTR モードの特徴について見ていきます. CTR モードの復号では, ブロック暗号の復号処理を必要とせず, ブロック暗号化処理を用いて CTR モードの暗号化と同様に構成されるという特徴があります. このため, 復号の実装が簡単です. また, 暗号化・復号ともに, 各ブロックが連鎖しておらず, 各ブロックを並列に処理できるため, 高速に動作させることが可能です. 同様に, CBC モードで挙げた, 暗号文でのエラーの他ブロックへの伝搬も起きません.

　他にも CFB (Cipher FeedBack) モードや OFB (Output FeedBack) モードがありますが, ここでは省略します.

公開鍵暗号

本章では，現代暗号のキーとなる技術の一つである，**公開鍵暗号**（public-key cryptosystem）について紹介します．

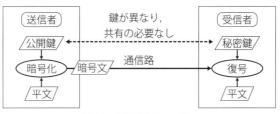

図 3.1　公開鍵暗号のモデル

3.1　公開鍵暗号とは？

共通鍵暗号の問題点は，秘密鍵を送信者と受信者の間で秘密裏に共有しなければならない点です．この共有は秘密鍵暗号だけで達成することができません．そのため，事前に物理的に秘密鍵を共有す

る必要がありました．公開鍵暗号では，図 3.1 に示したように，秘密鍵とは別に公開鍵と呼ばれる鍵があり，これを用いて暗号化を行います．復号は秘密鍵を用いて行います．現代暗号では復号アルゴリズムが公開されているため，利用者ごとに鍵を変えることにより秘匿性を実現していますが，復号できる利用者を限定すればよいので，このように暗号化側の鍵は公開しても問題ないことになります．こうして，公開鍵を通常の暗号化されていない通信路を通じて送ることができるので，共通鍵暗号における鍵共有の問題が解決されています．ただし，安全性を保つためには，公開鍵から秘密鍵を計算できてはいけませんので，そのように公開鍵暗号は設計されています．

この公開鍵暗号の概念は，1976 年に Whitfield Diffie と Martin Hellman により提案されました[1]．

3.2 RSA 暗号

具体的な公開鍵暗号として，1978 年に，Ronald Rivest, Adi Shamir, Leonald Adleman により，**RSA 暗号**（RSA cryptosystem）が提案されました[2]．RSA は発明者 3 人の名前の頭文字です．

● **数学的準備**

RSA 暗号のしくみを理解するために，数学的な準備をします．

---

[1] W. Diffie, M. Hellman, "New directions in cryptography," IEEE transactions on Information Theory 22.6, pp.644-654, 1976.

[2] R. L. Rivest, A. Shamir, L. Adleman, "A method for obtaining digital signatures and public-key cryptosystems," Communications of the ACM 21.2, pp.120-126, 1978.

整数の集合を $\mathcal{Z}$ で表し，RSA暗号で必要となる整数を基にした集合と演算を考えていきます．まず，以下の合同式を考えます．整数 a, b, N に対して，$a-b$ が n の倍数であるとき，

$$a = b \pmod{n}$$

と書きます．a と b は n を法として合同であるといいます．合同関係は，n で割ったときに余りが等しいことを意味しています．n で割ったときに余りが等しくなる整数の集合を考えます（剰余類と呼ばれます）．

$$\{i\} = \{x | x = i \pmod{n}, x \in \mathcal{Z}\}$$

各集合の i を最も小さい整数で代表させると，余りの種類は $0, \ldots, n-1$ なので，これらの集合の種類も $\{0\}, \ldots, \{n-1\}$ となります．各集合 $\{i\}$ を値 i で表して，それらの集合

$$\mathcal{Z}_n = \{0, \ldots, n-1\}$$

を考えます．さらに，拡張して，

$$\mathcal{Z}_n^* = \{x | x \in \mathcal{Z}_n, \gcd(x, n) = 1\}$$

を考えます．$\gcd(x, n)$ は x と n の最大公約数のことなので，$\gcd(x, n) = 1$ は x と n が互いに素（公約数が1のみ）であることを意味します．例えば，$n=6$ のとき，

$$\mathcal{Z}_6 = \{0, 1, 2, 3, 4, 5\}$$
$$\mathcal{Z}_6^* = \{1, 5\}$$

となります．

　$\mathcal{Z}_n^*$ に対して，オイラー関数 $\phi(n)$ は，集合 $\mathcal{Z}_n^*$ の要素数として定

義されます.素数 p に対しては,$\phi(p) = p-1$ となります.素数 p, q に対して $n = pq$ のときは,$\phi(n) = (p-1)(q-1)$ になります.オイラー関数に対して,次のオイラーの定理があります.

定理1(オイラーの定理) 整数 n と n と互いに素な整数 a に対して,

$$a^{\phi(n)} = 1 \pmod{n}$$

この定理から,直ぐに,n が素数 p のときのフェルマーの定理が導かれます.

定理2(フェルマーの定理) 素数 p と p と互いに素な整数 a に対して,

$$a^{p-1} = 1 \pmod{p}$$

$\phi(p) = p-1$ なので,オイラーの定理から上記は成り立ちます.

これで準備ができましたので,RSA暗号のしくみを考えてみましょう.

● **RSA暗号のしくみ**

● **鍵生成**:まず,二つの大きな素数 p, q を求め,$n = pq$ とします.2016年の時点では,p, q は1024ビット,n は2048ビットが必要とされます.このとき,n と互いに素な e を選び,以下を満たす d を計算します.

$$ed = 1 \pmod{(p-1)(q-1)}$$

暗号化のための公開鍵は (e, n),復号のための秘密鍵は (d, n) と

なります.

- **暗号化**：n より小さい非負整数を平文 M とします．M に対する暗号文 C は，公開鍵 (e, n) を用いて，以下の式により計算されます．

$$C = M^e \pmod{n}$$

- **復号**：暗号文 C と秘密鍵 (d, n) が与えられたとき，元の平文は以下の式により計算されます．

$$M = C^d \pmod{n}$$

- **なぜ復号できるのか**：復号に成功するためには，$C = M^e \pmod{n}$ により計算した C に対して，$M = C^d \pmod{n}$ により元の M に戻る必要があります．暗号化の式を復号の式に代入すると，

$$M = (M^e)^d \pmod{n}$$

なので，この等式の成立が必要となります．この等式の右辺は次のように変形できます．ここで，e と d の間には $ed = 1 \pmod{(p-1)(q-1)}$ の条件があることから，mod の定義より $ed = 1 + k(p-1)(q-1)$ と書けます (k は整数)．すると，

$$\begin{aligned}(M^e)^d &= M^{ed} \pmod{p} \\ &= M^{1+k(p-1)(q-1)} \pmod{p} \\ &= M \cdot (M^{k(q-1)})^{p-1} \pmod{p}\end{aligned}$$

と変形でき，フェルマーの定理から，$(M^{k(q-1)})^{p-1} = 1 \pmod{p}$ が

成り立つので，上記の式は

$$(M^e)^d = M \pmod{p}$$

を意味します．これは，$(M^e)^d - M$ が p の倍数であるということです．一方，同様の式変形により，$(M^e)^d - M$ が q の倍数であることもいえます．こうして，$(M^e)^d - M$ は pq すなわち n の倍数ということになり，

$$M = (M^e)^d \pmod{n}$$

がいえます．

● RSA暗号の安全性

暗号文を元の平文に復号できることだけでは暗号になりません．暗号文から元の平文が推測できないという，暗号解読に対する安全性が必要となります．復号は秘密鍵の d が分かればよいので，公開鍵 (e, n) から d が推測できないことが求められます．鍵生成で示したように，d は

$$ed = 1 \pmod{(p-1)(q-1)}$$

により計算されています．この計算をするためには，$(p-1)(p-1)$ が必要です．しかし，$n = pq$ から $(p-1)(q-1)$ の計算は，n からその素因数である p と q を計算すること（素因数分解）と同等の難しさがあります．これは，もし n から $(p-1)(q-1)$ が計算できた場合，$(p-1)(q-1) = n - p - q + 1$ と $n = pq$ の二つの式から p, q が計算できてしまうためです．素因数分解は，入力の大きさに対して，非常に大きな計算時間を要する方法しか知られておらず，2016年の時点では，n が 2048 ビットある場合，現実的な時間で素因数

分解することは困難と考えられています．ちなみに，2010年に768ビットの素因数分解は成功しているので，適切なnのビットサイズを設定しなければなりません．計算機の処理速度は年々向上しているので，ある時点で安全であっても，将来安全であることは保証されません．2010年以前は1024ビットのRSA暗号が使用されていましたが，2010年以後は2048ビットのものに置き換わっています．

別の暗号解読方法として，ある与えられた平文・暗号文のペア(M, C)から，$M = C^d \pmod{n}$の関係式を基にdを求めることが考えられます．このような計算問題は離散対数問題と呼ばれ，やはりnが大きい場合には実用的な時間で計算できないと考えられています．

3.3 エルガマル暗号

エルガマル暗号（ElGamal cryptosystem）は離散対数問題のみに依存した暗号で，1984年にTaher ElGamalにより提案されました[3]．

● **数学的準備**

エルガマル暗号のための数学的な準備をします．RSA暗号と同様に，nを法とした合同式を考えます．このとき，整数aに対して，

$$a^k = 1 \pmod{n}$$

を満たす最少の正整数kを考えます（kは位数と呼ばれます）．nと

---

[3] T. ElGamal, "A public key cryptosystem and a signature scheme based on discrete logarithms," IEEE transactions on Information Theory 31.4, pp.469-472, 1985.

互いに素な a の場合, オイラーの定理から

$$a^{\phi(n)} = 1 \pmod{n}$$

なので, 必ずこのような k は存在します.

エルガマル暗号では, 法が素数 p の場合を考えます. この場合, 任意の $a \in \mathcal{Z}_p^*$ に対して,

$$a^{p-1} = 1 \pmod{p}$$

となります（フェルマーの定理）. このとき, $p-1$ が k と等しいかどうかは, a の値によります. 法 p で必ず $p-1$ 乗すると1になりますが, $p-1$ の任意の約数 q に対して, $k = q$, すなわち

$$a^k = 1 \pmod{p}$$

となる最少の正整数 k がこの約数 q である場合もあります. ここでは, k が大きいような a を考えます.

以降では, 簡単化のため mod p は省略して書きます.

● **DH 鍵共有**

エルガマル暗号は, **DH 鍵共有**（DH: Diffie Hellman key sharing）と呼ばれる方法に基づいています. 共通鍵暗号を用いるためには, 送信者と受信者の間で秘密の鍵を共有しておく必要があります. DH 鍵共有を用いることにより, 通常の暗号化されていない通信路上で, 2 者 A, B が秘密鍵を共有できます. DH 鍵共有では, 以下のような計算と通信を行います（図 3.2）. 事前に, 大きい素数 p (2016 年の時点では 2048 ビット) と

$$a^k = 1 \pmod{p}$$

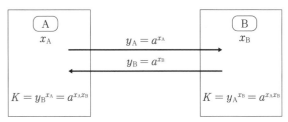

図 3.2 DH 鍵共有

を満たす最少の正整数 k が大きい値となる a を選んでおきます.

1. A は,ランダムに k 未満の正整数 x_A を選び,$y_A = a^{x_A}$ を計算して,B に送ります.
2. B は,ランダムに k 未満の正整数 x_B を選び,$y_B = a^{x_B}$ を計算して,A に送ります.
3. A は,B から受け取った y_B に対して,$K = y_B^{x_A}$ を計算します.$K = (a^{x_B})^{x_A} = a^{x_A x_B}$ を満たします.
4. B は,A から受け取った y_A に対して,$K = y_A^{x_B}$ を計算します.やはり,$K = (a^{x_A})^{x_B} = a^{x_A x_B}$ を満たします.

この結果として,A と B は同じ $K = a^{x_A x_B}$ を保持できます.しかし,通信されている内容 a^{x_A}, a^{x_B} から $a^{x_A x_B}$ を計算することは難しいと考えられており,盗聴している攻撃者が K を計算することはできず,安全に秘密鍵を共有できます.

● エルガマル暗号のしくみ

DH 鍵共有と同様に p, a を選んでおきます.これらの値は,すべてのユーザで共通でも構いません.

- **鍵生成**:ランダムに,k 未満の正整数 x を選び,$y = a^x$ を計算

します．暗号化のための公開鍵は y，復号のための秘密鍵は x となります．

• **暗号化**：p より小さい非負整数を平文 M とします．M に対する暗号文 (C_1, C_2) は，公開鍵 y を用いて，以下の式により計算されます．ここで，r はランダムな k 未満の正整数とします．

$$C_1 = a^r$$
$$C_2 = M y^r$$

RSA 暗号とは異なり，エルガマル暗号では，暗号文は二つの値 C_1, C_2 からなります．

• **復号**：暗号文 (C_1, C_2) と秘密鍵 x が与えられたとき，元の平文は以下の式により計算されます．

$$M = C_2 / C_1^x$$

• **なぜ復号できるのか**：以下の式が成り立つため復号がうまくいきます．

$$\begin{aligned} C_2/C_1^x &= M y^r / (a^r)^x \\ &= M (a^x)^r / (a^r)^x \\ &= M a^{xr} / a^{xr} \\ &= M \end{aligned}$$

• **エルガマル暗号と DH 鍵共有との関連**：暗号化を行う者を A，復

号する者をBとした場合，実は，エルガマル暗号では，AとBの間でDH鍵共有が行われています．どういうことかというと，Aは，暗号文において，自分が選んだ乱数rに対して$C_1 = a^r$を計算して，Bに送っています．一方Bは，秘密鍵xに対して公開鍵$y = a^x$を事前に公開しています．このため，DH鍵共有のしくみにより，この2者間では秘密の乱数$K = a^{rx}$が共有できています．暗号文のもう一つの値C_2はこの共有した乱数$K(= y^r)$を平文Mに掛けたものとなっています．このため，復号において，C_1^xによりKを生成することによって，暗号文から平文Mが取り出せています．一方，DH鍵共有の安全性から，A, B以外の者はKを生成できないため，平文Mを解読することができません．

● エルガマル暗号の安全性

エルガマル暗号の安全性は，**離散対数問題**(discrete log problem)の難しさに基づいています．すなわち

$$y = a^x \pmod{p}$$

を満たすp, a, yが与えられたときにxを求めるという，離散対数問題が難しいことが必要となります．位数kの値が大きいようなaに対して，離散対数問題は難しいと考えられています．

実際には，より強い仮定であるCDH (Computational Diffie Hellman)仮定に基づいて，復号の困難性が示されます．CDH仮定は，DH鍵共有における安全性仮定であり，a, a^α, a^βから$a^{\alpha\beta}$（ここで，α, βは乱数）を求めることが難しいという仮定です．この仮定の下では，エルガマル暗号におけるC_1^x（DH鍵共有に関連づけたときの$K = a^{rx}$）を暗号化と復号の2者以外は生成できないため，暗号文から平文が（秘密鍵なしでは）解読できないことがいえ

ます.

さらに、エルガマル暗号はより強い安全性を満たしていると考えられています. 暗号文から平文が戻せなくても、暗号文から平文に関する何らかの情報が漏れている可能性があります. 例えば、RSA暗号では、同じ平文を同じ公開鍵で暗号化すると同じ暗号文が生成されます. これは、平文に関する情報（平文が同じかどうかという情報）を漏らしているということを意味しています. 一方、エルガマル暗号では、暗号化の度に乱数 r を生成して暗号文が計算されます. このため、同じ平文であっても異なる暗号文が出力されます. この強い安全性は、さらに強い仮定である DDH (Decisional Diffie Hellman) 仮定と呼ばれる安全性仮定に基づいています. DDH 仮定とは、$(a, a^\alpha, a^\beta, a^{\alpha\beta})$ と $(a, a^\alpha, a^\beta, a^\gamma)$ (ここで、α, β, γ は乱数) が区別できないという仮定です. この仮定を前提とすると、エルガマル暗号の $C_2 = My^r$ における $y^r = g^{xr}$ の部分が乱数としてふるまう（ように見える）ことを意味します. よって、乱数 g^{xr} と平文 M を掛け算しているので、C_2 より平文の情報が一切漏れないことになります.

3.4 楕円曲線暗号

データサイズが小さい暗号として、楕円曲線に基づいた**楕円曲線暗号** (elliptic curve cryptosystem) があります.

● **数学的準備**

- **群**：エルガマル暗号は（そのベースとなる DH 鍵共有も）、シンプルな構成をしていて、**群** (group) と呼ばれる代数的構造において、一般的に構成できます.

群は集合 G とその要素上で定義される二項演算（二つの要素に

対する演算)・からなり，以下の性質を満たします．

- **結合則**：任意の要素 $a, b, c \in G$ に対して，$a \cdot (b \cdot c) = (a \cdot b) \cdot c$．
- **単位元の存在**：任意の要素 $a \in G$ に対して $a \cdot e = e \cdot a = a$ を満たす，単位元 e が G の要素として存在する．
- **逆元の存在**：任意の要素 $a \in G$ に対して $a \cdot x = x \cdot a = e$ を満たす，a の逆元 x が G の要素として存在する．

例えば，整数全体の集合と加算演算は群になります（単位元は 0，a の逆元は $-a$）．この場合，集合が無限集合をなすので，無限群と呼ばれます．一方，エルガマル暗号は，集合として $\mathcal{Z}_p^*$ （実際はその部分集合），演算として法 p 上の乗算からなる群の上で定義されています．この場合は，$\mathcal{Z}_p^*$ の個数が有限なので，有限群と呼ばれます．

- **有限体**：今度は，集合 F に対して，二つの二項演算 $+, \cdot$ を考えます．以下を満たすとき，$< F, +, \cdot >$ を**体** (field) と呼びます．

    - $< F, + >$ は可換群．可換群は，任意の要素 a, b に対して，$a + b = b + a$ のように順番を入れ替えることのできる群のことです．
    - $< F^*, \cdot >$ は群．F^* は集合 F から $+$ についての単位元を除いたものです．
    - 分配則が成り立つ．分配則とは，任意の $a, b, c \in F$ に対して，$a \cdot (b + c) = a \cdot b + a \cdot c$, $(a + b) \cdot c = a \cdot c + b \cdot c$ が成り立つことです．

有限な数の要素を持つ体を**有限体** (finite field) と呼びます．$\mathcal{Z}_p$ は，演算を $a + b = a + b \bmod p$, $a \cdot b = a \cdot b \bmod p$ と定義すると

有限体になり，F_p と書きます．要素数が素数でない有限体もありますが，本書では簡単のため素数 p の有限体 F_p のみを考えます．

● 楕円曲線

楕円曲線暗号では，楕円曲線上の点（有理点と呼ばれます）が加法の群をなすことを利用します．楕円曲線暗号に用いられる楕円曲線は以下のように定義されます．

$$y^2 = x^3 + ax + b$$

ここで，a, b は F_p の要素です．有理点は，上記の等式を満たす (x, y)（ただし，x, y は F_p の要素）のことです．もう一つ，特殊な要素である無限遠点と呼ばれる点 O を考えます．これは，群における単位元にあたるものです．O も含めた有理点の集合 $E(F_p)$ は，以下の特殊な加算の演算において群となります．$P = (x_1, y_1)$，$Q = (x_2, y_2)$ を有理点とします．加算 $R = P + Q$ は，$R = (x_3, y_3)$ としたとき，もし $P \neq Q$ なら，

$$x_3 = \left(\frac{y_2 - y_1}{x_2 - x_1}\right)^2 - x_1 - x_2$$

$$y_3 = \left(\frac{y_2 - y_1}{x_2 - x_1}\right)(x_1 - x_3) - y_1$$

もし $P = Q$ なら，

$$x_3 = \left(\frac{3x_1^2 + a}{2y_1}\right)^2 - 2x_1$$

$$y_3 = \left(\frac{3x_1^2 + a}{2y_1}\right)(x_1 - x_3) - y_1$$

として計算されます．図 3.3 に，この楕円曲線上の加算（楕円加算）のイメージを描いています．楕円曲線上の二つの有理点 P, Q

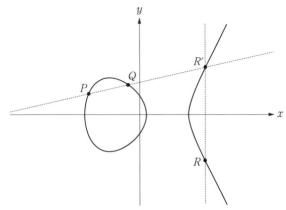

図 3.3 楕円加算のイメージ

を結ぶ直線を考えると，交点がもう一つできます（R'）．この点の x 軸に関しての反対側の点が加算した点 R になります．

特殊な点である無限遠点 $\mathcal{O}$ との加算は，任意の有理点 P に対して $P + \mathcal{O} = \mathcal{O} + P = P$ と定義されます．また，P の逆元 $-P$ が存在して，$P + (-P) = \mathcal{O}$ を満たします．結合則も成り立つため，$E(F_p)$ と楕円加算は群となっています．

自然数 k に対して，有理点 P の k 回の加算 $P + \cdots + P$ を kP と書き，スカラー倍算と呼びます．エルガマル暗号（3.3 節）のときと同様に，$E(F_p)$ は有限群なので，$kP = \mathcal{O}$ となる k が必ず存在し，最小の正整数 k のことを P の位数と呼びます．そして，この位数が十分に大きいとき（2016 年の時点では，224 ビット），楕円曲線での離散対数問題は困難だと考えられています．楕円曲線での離散対数問題とは，P, Q が与えられたときに，$P = xQ$ となる x を求める問題です．楕円曲線では加算として演算を考えているので，演算を乗算で置き換えてみると対数を求める問題と同じであることが分かります．

● 楕円エルガマル暗号のしくみ

$\mathcal{Z}_p^*$ 上でのエルガマル暗号と同様に,楕円曲線における加法の群上でエルガマル暗号が構成できます(楕円エルガマル暗号と呼びます).変更点は,$\bmod p$ 上で乗算を行っていたのを,楕円加算に変更するだけです.べき乗計算はスカラー倍算になります.

また,エルガマル暗号では,AES などの任意の共通鍵暗号を適用することにより高速化できます.鍵 K のときのメッセージ M の暗号化を $E(k, M)$ で表し,鍵 K のときの暗号文 C の復号を $D(k, C)$ で表すとします.ユーザ全員の共通情報として,有理点 P を公開しておきます.

- **鍵生成**:ランダムに,P の位数 k 未満の正整数 x を選び,$Q = xP$ を計算します.暗号化のための公開鍵は Q,復号のための秘密鍵は x となります.

- **暗号化**:平文 M に対する暗号文 (C_1, C_2) は,公開鍵 Q を用いて,以下の式により計算されます.ここで,r はランダムな k 未満の正整数とします.

$$C_1 = rP$$
$$C_2 = E(rQ, M)$$

- **復号**:暗号文 (C_1, C_2) と秘密鍵 x が与えられたとき,元の平文は以下の式により計算されます.

$$M = D(xC_1, C_2)$$

- **なぜ復号できるのか**：3.3 節での，「エルガマル暗号と DH 鍵共有との関連」で示したように，エルガマル暗号では，暗号化するユーザ A と復号するユーザ B の間で，乱数 $K = a^{rx}$ を DH 鍵共有で共有することにより，暗号化と復号を行っています．楕円エルガマル暗号の場合は，$K = rxP$ が共有されることになります．暗号化の方では $K = rQ$ で作成されており，復号側では $K = xC_1$ により作成されています．こうして，同一の鍵を用いて共通鍵暗号による暗号化・復号をしているため，復号は正しく行えることになります．

● 楕円曲線暗号の利点

楕円曲線暗号の利点は，そのデータサイズの小ささです．RSA 暗号では，2048 ビットの n が必要であり，鍵や暗号文のサイズが大きくなってしまいます．一方，楕円エルガマル暗号では，位数が 224 ビットでよく，鍵や暗号文のサイズが小さくなります．将来的には，計算機能力の向上に伴ない鍵長を大きくする必要がありますが，RSA 暗号と比較して，楕円曲線暗号は鍵長の増大が少なくてすむと考えられています．

楕円曲線を用いた暗号では，近年，ペアリングと呼ばれる特殊な楕円曲線上の計算を用いることにより，高機能な暗号が実現できることが分かっており，盛んに研究がされています．これについては，7 章で紹介します．

4

ハッシュ関数とメッセージ認証

　本章では，ハッシュ関数とメッセージ認証を扱います．ハッシュ関数は，任意のサイズのデータを固定長のデータに圧縮する関数のことです．メッセージ認証や次章のディジタル署名などで用いられますが，耐衝突性と呼ばれる性質が必要となります．メッセージ認証は，送信されているデータ（メッセージ）が改ざんされていないかどうか確認する技術であり，共通鍵暗号がベースになっています．

4.1 ハッシュ関数

● ハッシュ関数とは？

　任意サイズの入力ビット列 m に対して，**ハッシュ関数** (hash function) H は短かくした固定長 (256 ビットなど) のビット列を出力します．出力はハッシュ値と呼ばれます．暗号で用いられるハッシュ関数では，**耐衝突性** (collision resistance) が必要となります．$H(m_1) = H(m_2)$ となる（衝突する）ハッシュ関数の 2 入力

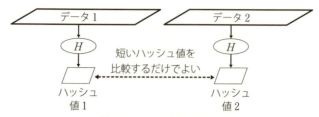

図 4.1 ハッシュ値による比較

m_1, m_2 を衝突ペアと呼びます．耐衝突性とは，このような衝突ペアを見つけるのが困難な性質です．ハッシュ関数はより短かいデータに変換するために，衝突ペアは必ず存在しますが，現在の計算機を利用したとき実用的な時間では見つけることができないという意味です．

耐衝突性を持つことで，何メガバイトもあるような二つの大きなデータ（例えば，ファイル）が同じかどうかを比較する際に，それぞれのハッシュ値を計算しておけば，短いハッシュ値を比較するだけで，元の大きなデータが等しいかどうかチェックできます（図4.1）．この性質がハッシュ関数ベースのメッセージ認証やディジタル署名で利用されています．

もし耐衝突性が破られてしまうと，同じハッシュ値になるようにデータを改ざんできるため，メッセージ認証やディジタル署名で使用できなくなります．

ハッシュ関数で必要とされる別の性質として，**一方向性** (one-way-ness) があります．この性質は，ハッシュ値 $H(m)$ が与えられたときに，ハッシュ関数の入力 m を計算することが困難な性質です．一方向性は暗号・認証の様々なところで必要とされますが，一つの利用例としては，パスワードの暗号化があります．Web などのサーバでユーザを認証する際にパスワードが利用されますが，

パスワードはサーバでデータベースに保持しておく必要があります．サーバが攻撃されたり，内部犯行などにより，パスワードが漏曳するケースが多々発生しています．このとき，生のパスワードではなくハッシュ値のみを保存しておくことにより，パスワード漏曳のリスクを軽減できます．そのユーザ認証では，サーバは，ユーザから送信されたパスワードのハッシュ値とサーバで保存したハッシュ値を比較します．ハッシュ関数の耐衝突性から，元のパスワードが等しいかどうかの確認を行えるため，ユーザ認証ができることになります．また，一方向性があるため，ハッシュ値からパスワードを計算することができず，漏曳時の対策になります．ただし，パスワードは辞書を用いて類推できる可能性があり，類推したパスワードとハッシュ値で比較ができるため，漏曳に対して完全な安全性は保証しません．

● ハッシュ関数の構造

ハッシュ関数の構成には，MD (Merkle-Damgård) 変換と呼ばれる手法がよく使われます．まず，$k+n$ ビットのデータを k ビットのデータに変換する圧縮関数を設計します．この圧縮関数は耐衝突性を満たすように設計しなければなりません．そして，図 4.2 に示すように，入力のデータを n ビットごとのブロックに分割します（ブロック 1，ブロック 2，ブロック 3，…）．そして，前の段の圧縮した出力を入力として，その段のブロックも加えて，圧縮関数

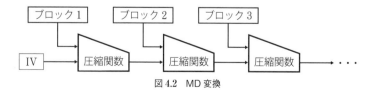

図 4.2 MD 変換

により圧縮します．最初の段の入力は固定された初期値（IV）となります．これを繰り返すことにより，任意サイズのデータを固定長データに圧縮することができます．構成部品である圧縮関数が耐衝突性を満たすなら DM 変換で構成したハッシュ関数が耐衝突性を満たすことが，証明されています．

● ハッシュ関数の安全性

ブロック暗号の解読の場合，全ての鍵を用いて総当たりで復号を試すことにより復号できます．k ビットの鍵を持つ場合，総当たりでは 2^k 個の鍵を試す必要があります．一方，ハッシュ関数への衝突ペアを見つける攻撃では，ハッシュ値が k ビットの場合，2^k 個の入力に対してハッシュ関数を計算すれば，当然必ず衝突ペアを見つけることは可能です．しかし実は，次の**バースデイパラドックス**（birthday paradox）により，より少ない入力のハッシュ関数を計算するだけで衝突ペアを見つけることが可能です．

● **バースデイパラドックス**：何人集まると誕生日が同じ人のペアが見つかるかという問題を考えます．当然，1 年は 365 日なので，366 人集まると必ず同じ誕生日のペアが存在することになります．一方で，$\sqrt{365} \approx 20$ 人が集まっただけでも，無視できない確率（0.3 以上の確率）で同じ誕生日のペアが存在します．思ったより少ない数でペアが見つかるため，バースデイパラドックスと呼ばれています．

ハッシュ関数のときも同じ議論ができます．k ビットのハッシュ値を持つハッシュ関数の場合，2^k 個のハッシュ値が存在しますが，$\sqrt{2^k} = 2^{k/2}$ 個のランダムな入力に対してハッシュ値を計算すると，無視できない確率で衝突を起こすことになります．ブロック暗号で K ビットの鍵長ならば 2^K 回の総当たり攻撃が必要ですが，ハッシ

ュ関数のハッシュ値は $2K$ ビットないと,バースデイパラドックスにおけるハッシュ関数の計算回数を 2^K にすることができません.

代表的なハッシュ関数として,**SHA** (Secure Hash Algorithm)**-1** がありますが,ハッシュ値は 160 ビットです.この場合,バースディパラドックスで必要とされる計算回数は 2^{80} ということになります.また,SHA-1 を拡張した **SHA-2** では,ハッシュ値のサイズが大きくなっていて,224, 256, 384, 512 ビットの中から選択できます.ハッシュ値 256 ビットの SHA-2 の場合,バースディパラドックスで必要とされる計算回数は,2^{128} 回ということになり,128 ビット鍵長の AES での総当たり攻撃の回数と同じになります.

実は近年,ハッシュ関数への攻撃法が様々提案されてきています.過去に使用されていたハッシュ関数 MD5 は,衝突ペアを計算することができます.また,SHA-1 に関しては,バースデイパラドックスに基づいた 2^{80} 回のハッシュ関数計算よりも少ない計算時間で衝突ペアを見ける手法が提案されてきています.このため,2016 年の時点では,ハッシュ値を長くした SHA-2 の使用が推奨されています.

4.2 メッセージ認証 MAC

● MAC とは?

メッセージ認証 (message authentication) では,送信されるデータ(メッセージと呼ぶ)が通信の途中で改ざんされていないことをチェックできます.**MAC** (Message Authentication Code) と呼ばれるメッセージ認証技術のモデルを図 4.3 に示します.

メッセージ認証として MAC を使用する場合,共通鍵暗号と同様に,事前に秘密鍵を送信者と受信者の間で共有しておく必要があります.送信者は,この秘密鍵と送信メッセージを入力として,認

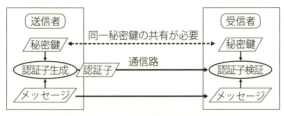

図 4.3 メッセージ認証 (MAC) のモデル

証子 MAC を作成します．MAC はメッセージと共に受信者に送られます．受信者は，同じ秘密鍵を用いて，送られてきたメッセージから対応する MAC を計算します．ここで計算した MAC と送られてきた MAC が等しければ改ざんなしとします．もし等しくなければ，メッセージは改ざんされたと判断します．

MAC の安全性について考えます．通信の途中で，攻撃者がメッセージ M を M' に改ざんして受信者に送信しようとするとしましょう．しかし，攻撃者は秘密鍵を知らないため，改ざんしたメッセージ M' に対応した MAC を作成することができません．こうして，メッセージを改ざんしても，それに対応していない MAC しか送れません．このとき，受信者側で M' の MAC を作成し直すと，送られてきた MAC と対応しませんので，改ざんされたと分かることになります．

● MAC の実現方法

MAC は，鍵付きハッシュ関数として構成されます．秘密鍵 k に対して，鍵付きハッシュ関数 $H_k(m)$ とは，ハッシュ関数と同様に任意長の入力 m を固定長のハッシュ値に変換する関数であり耐衝突性を満たすものですが，鍵 k がないとハッシュ値も計算できない関数です．通常のハッシュ関数 $h = H(m)$ では，順方向の m から

h への計算は高速で行えるものの,一方向性を持つために逆方向の h から m への計算は困難となっています.これに対して,鍵付きハッシュ関数 $h = H_k(m)$ では,逆方向の h から m への計算は困難であるとともに,順方向の m から h の計算も秘密鍵 k がなければ計算が困難となります.

このような鍵付きハッシュ関数となる MAC の構成方法として,ハッシュ関数を用いる方法とブロック暗号を用いる方法があります.**HMAC** は通常のハッシュ関数を基に構成されています.メッセージをそのままハッシュ関数でハッシュするのではなく,鍵と連結してハッシュすることにより鍵がなければ計算困難になるように構成されます.具体的には,鍵のない通常のハッシュ関数を $\tilde{H}$ とし,鍵 k,メッセージ m に加えて,二つの固定された値 $opad, ipad$ に対して,

$$H_k(m) = \tilde{H}((k \oplus opad)|\tilde{H}((k \oplus ipad)|m))$$

として計算されます.ここで,$\oplus$ はビットごとの XOR,$|$ は単純に二つの値のビット列を結合することを表します.

AES などのブロック暗号を基に構成した MAC として **CBC-MAC** があります(図 4.4).メッセージを固定サイズごとにブロック化して暗号化しますが,ブロック暗号における CBC モードのように,

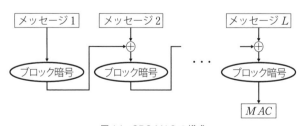

図 4.4 CBC-MAC の構成

前のブロックの暗号文とそのブロックのメッセージが XOR されて連鎖的に暗号化されます．CBC モードとは異なり，各ブロックでの出力は MAC とはならず，最終ブロックの出力のみ利用されます．MAC はメッセージを圧縮するのが目的であり，MAC から基のメッセージ全体を復元する必要はないため，各ブロックの暗号文は必要ありません．各ブロックでのブロック暗号処理では秘密鍵が必要となるので，鍵付きハッシュ関数が実現できています．

CBC-MAC の安全性ですが，利用しているブロック暗号が安全なら，ブロック数が固定である場合は安全です．しかし，ブロック数が可変である場合は，以下で説明するように，安全とはなりません．ここで，利用するブロック暗号の暗号化関数を $E_k(m)$ で表記します．ただし，k は秘密鍵，m は入力の平文ブロック（CBC-MAC の場合はメッセージブロック）です．1 ブロック（m_1 のみ）の場合の CBC-MAC を考えると，その MAC は $MAC = E_k(m_1)$ となります．これを受け取った攻撃者は以下のように，2 ブロックメッセージ (m_1, m_2) の MAC の偽造を行うことができます．2 ブロック目のメッセージを $m_2 = MAC \oplus m_1$ として計算し，$MAC' = MAC = E_k(m_1)$ として偽造された MAC である MAC' をセットします（図 4.5）．m_2 はこの場合，攻撃者が意図しない乱数のメッセージとなりますが，2 ブロックメッセージ (m_1, m_2) の

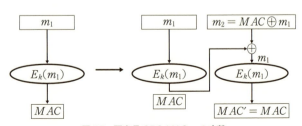

図 4.5　可変長 CBC-MAC への攻撃

MAC が鍵なしで生成できていることになり，安全性を満たしません．乱数のメッセージを送信するケースもあるので，このような攻撃が存在するのなら，安全とはいえません．

この対策として，別の秘密鍵 k' によるブロック暗号化 $E_{k'}(m)$ を CBC-MAC の最後の出力に適用する方法があります．上記の攻撃の例では，$C_1 = E_k(m_1)$ に対して，もう一度 k' による暗号化を行い，$MAC = E_{k'}(C_1)$ を MAC とすることになります．これにより，上記の攻撃をすることができません．上記の攻撃をするためには，$m_2 = C_1 \oplus m_1$ とセットする必要がありますが，C_1 を $MAC = E_{k'}(C_1)$ から秘密鍵なしで計算することはできませんので，安全性が保たれています．

● MAC でできないこと

MAC では，送信者・受信者間での通信で改ざんがあった場合，それを検出することはできます．しかし，受信者自身は，送信されてきたメッセージを改ざんして対応する MAC を生成することが可能です．こうして，第三者に対して，あるメッセージを作成したのが送信者であると示すことができません．受信者もそのメッセージと対応する MAC を作成（改ざん）できるので，第三者は送信者が作成したのか受信者が作成したのかを区別できないためです．つまり，契約書に署名をするといった用途には MAC は使用できないということになります．このような用途には，次章のディジタル署名が使われます．

ディジタル署名

5.1 ディジタル署名とは？

ディジタル署名（digital signature）は，あるデータをある作成者が確かに作成したことを検証できる認証技術です．紙の文章に署名や押印することで，作成者がその文章を作成したことを保証しますが，それを電子データの世界で実現するものです．**電子署名**（electronic signature）とも呼ばれます．そのモデルを図 5.1 に示します．ディジタル署名では，公開鍵暗号と同様に，秘密鍵・公

図 5.1 ディジタル署名のモデル

開鍵の異なる鍵のペアを利用します．メッセージに署名する送信者は，自分の秘密鍵とそれに対応した公開鍵を作成し，公開鍵を公開します．一方受信者は，送信者の公開鍵を取得しておきます．送信者は，自身の秘密鍵を用いて，メッセージの署名（データ）を作成し，メッセージと署名を受信者に送信します．受信者は，送信者の公開鍵を用いて，受信したメッセージと署名が正しいか，すなわち，確かにその送信者がこのメッセージを作成したのかを検証します．

ディジタル署名では，秘密鍵は送信者しか持たないため，送信者以外の者は受信者も含めて，署名を生成・偽造することができません．こうして，MAC では第三者が認証の確認をできなかったのに対して，ディジタル署名では，第三者も公開鍵があれば署名の正当性を確認することができます．よって，契約書のような用途にも利用できることになります．

5.2 ディジタル署名の安全性

ディジタル署名の安全性は，**偽造不能性**（unforgeability）として考えることができます．偽造不能性とは，秘密鍵を持つ署名者以外の者（すなわち秘密鍵を持たない者）は，その署名者の署名を生成できないという性質です．このとき，秘密鍵を持っていない攻撃者は，その者になりすまして，メッセージを偽造，改ざんできないことになります．メッセージを改ざんしようとしても，その改ざんしたメッセージに対するディジタル署名を新たに生成しないといけませんが，偽造不能性からそれはできませんので，改ざんに失敗することになります（図 5.2）．

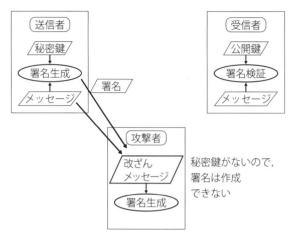

図5.2 ディジタル署名の偽造不能性

5.3 RSA 署名

● RSA 署名の構成

公開鍵暗号である RSA 暗号（3.2 節参照）から比較的単純に，そのディジタル署名である **RSA 署名**（RSA signature）を構成することができます．RSA 暗号では，(e, n) が公開鍵であり，(d, n) が秘密鍵になりますが，RSA 署名でもこれは同じです．ただし，送信者である署名者の方が秘密鍵を持ち，その者のみがディジタル署名を作成できます．公開鍵を持つ受信者は誰でもこのディジタル署名が正しいかを確認できます．このように，秘密鍵と公開鍵の適用の順番が変わっているので，メッセージ M の署名作成は $S = M^d \pmod{n}$ となり，検証は $S^e \pmod{n}$ が M と等しいかをチェックすることになります．すなわち，d 乗して署名をし，e 乗して検証することになります．

署名されるメッセージ M の大きさは n より大きくなる可能性が

あります.このため,Mをハッシュ関数でnのサイズに圧縮してから,上記のようにe乗を行います.こうして,RSA署名の構成は以下のようになります.

- **鍵生成**:RSA暗号と同様に,二つの大きな素数p, qを求めて$n = pq$とし,

$$ed = 1 \pmod{(p-1)(q-1)}$$

から,e, dを生成します.署名生成のための秘密鍵が(d, n)であり,公開鍵は(e, n)となります.

- **署名生成**:任意のサイズのメッセージMに対して,nのサイズで出力するハッシュ関数Hを使用して,ハッシュ値$h = H(M)$を計算します.このとき,署名Sは,

$$S = h^d \pmod{n}$$

により計算されます.

- **署名検証**:送られてきたメッセージMと署名Sに対して,まずMのハッシュ値$h = H(M)$を計算します.そして,

$$h = S^e \pmod{n}$$

の等式が成り立つかを確認し,成り立つなら署名は正しいとし,成り立たないなら署名は正しくないと判断します.

● **RSA署名の安全性**

RSA署名は偽造不能性を満たします.なぜなら,攻撃者は秘密

鍵である d を知りませんので，任意のメッセージ M に対するハッシュ値 $h = H(M)$ に対して，$S = h^d \pmod{n}$ を計算することができないためです．こうして，ある秘密鍵を持つユーザになりまして署名を偽造することもできませんし，送られてきた署名付きのメッセージを改ざんして対応する署名を生成することもできません．

RSA署名において，ハッシュ関数を使わずに，メッセージ M に対して $S = M^d \pmod{n}$ として署名を生成することも考えられます．しかし，この場合は，強い偽造不能性（潜在的偽造不能性と呼ばれる）を満たしません．なぜなら，攻撃者は，n より小さい非負整数として S を適当に選択し，$M = S^e \pmod{n}$ として M を計算します．M をメッセージ，S を対応するRSA署名として考えると，署名検証の等式 $M = S^e \pmod{n}$ を満たしているので，S は正しいRSA署名ということになり，メッセージ M に対する署名を秘密鍵なしで偽造できていることになります（図5.3）．この場合，メッセージ M は意味のない乱数になるので，この偽造攻撃が意味があるかどうかは応用するアプリケーションや通信プロトコルに依存します．しかし，乱数に署名するようなプロトコルは考えられるので，このような意味のなさそうな攻撃も防止できていることが望ましいです．意味のないメッセージでも偽造できない安全性が**潜在的**

ハッシュしない場合

S を生成 → $M = S^e \pmod{n}$

(M, S) は検証式を満すので，偽造成功

ハッシュする場合

S を生成 → $h = S^e \pmod{n}$

$h = H(M)$ なる M を作れないので，偽造失敗

図5.3 ハッシュなしRSA署名の偽造とハッシュ関数による偽造防止

偽造不能性(existential unforgeability)になります．

一方，ハッシュ関数を用いたRSA署名では，潜在的偽造不能性も満たします．なぜなら，上記のように署名Sを先に生成して対応するMを得ようとしても，$h = S^e \pmod{n}$であり，$h = H(M)$を見たす必要があります．しかし，ハッシュ関数では，一方向性が成り立ち，hからMを計算することができません．こうして，潜在的偽造不能性が成り立ち，意味のないメッセージでも署名を偽造することができません（図5.3）．

5.4 エルガマル署名

● エルガマル署名の構成

RSA暗号に加えてエルガマル暗号（3.3節参照）がありますが，RSA署名と同様に，エルガマル暗号に対応した**エルガマル署名**(ElGamal signature)があります．実際には，エルガマル署名を改良した**DSA署名**(DSA: Digital Signature Algorithm signature)として標準化され使用されています．

エルガマル暗号と同様に楕円曲線上でも構成できますが，ここでは通常のエルガマル署名を示します．

- **鍵生成**：DH鍵共有やエルガマル暗号と同様に，大きい素数pと

$$a^k = 1 \pmod{p}$$

を満たす最少の正整数kが大きい値となるaを選んでおきます．ランダムに，k未満の正整数xを選び，$y = a^x$を計算します．署名生成のための秘密鍵はx，検証のための公開鍵はyとなります．

- **署名生成**：任意のサイズのメッセージMに対して，nのサイズ

で出力するハッシュ関数 H を使用して，ハッシュ値 $h = H(M)$ を計算します．次に，k 未満の乱数 r を選び，

$$S_1 = a^r$$
$$S_2 = (h - xS_1)r^{-1} \pmod{k}$$

を計算し，二つの値のペア (S_1, S_2) を署名とします．

- **署名検証**：送られてきたメッセージ M と署名 (S_1, S_2) に対して，まず M のハッシュ値 $h = H(M)$ を計算します．そして，

$$a^h = y^{S_1} S_1^{S_2}$$

の等式が成り立つかを確認し，成り立つなら署名は正しいとし，成り立たないなら署名は正しくないと判断します．

- **なぜ検証式が成り立つのか**：検証式

$$a^h = y^{S_1} S_1^{S_2}$$

において，公開鍵 y は $y = a^x$ により計算されていて，署名 (S_1, S_2) は

$$S_1 = a^r$$
$$S_2 = (h - xS_1)r^{-1} \pmod{k}$$

で計算されています．これらを検証式の右辺に代入すると，

$$y^{S_1} S_1^{S_2}$$
$$= (a^x)^{S_1} (a^r)^{(h-xS_1)r^{-1}}$$
$$= a^{xS_1} a^{(h-xS_1)}$$
$$= a^{(xS_1+h-xS_1)}$$
$$= a^h$$

となり,左辺と等しくなります.このことから,正しく公開鍵と署名が計算されているなら,検証に成功することになります.

● **エルガマル署名の安全性**

エルガマル署名の偽造不能性について見ていきます.偽造に成功するためには,メッセージのハッシュ値 $h = H(M)$ に対して,検証式

$$a^h = y^{S_1} S_1^{S_2}$$

を満たす署名 (S_1, S_2) を秘密鍵 x なしで作る必要があります.$y = a^x$ なので,

$$a^h = a^{xS_1} S_1^{S_2}$$

であり,攻撃者が選んだ r に対して $S_1 = a^r$ と計算できますが,このとき,

$$a^h = a^{xS_1} a^{rS_2}$$

から

$$a^h = a^{xS_1+rS_2}$$

となり，

$$h = xS_1 + rS_2 \pmod{k}$$

が得られます．この等式を満たすような S_2 を作ることができれば偽造になりますが，離散対数問題が難しい場合には $y = a^x$ から x を計算できませんので，このような S_2 を作ることは困難です．こうして，偽造不能であることになります．

5.5 シュノア署名

離散対数問題に基づいた別のディジタル署名として，**シュノア署名**(Schnorr signature)があります[1]．シュノア署名は，シュノア認証と呼ばれる**ゼロ知識証明**(zero-knowledge proof)技術から構成されます．

● シュノア認証とゼロ知識証明

ゼロ知識証明とは，証明者と検証者の間での通信プロトコルであり，証明者がある秘密情報を持つことを検証者に証明します．このとき，秘密情報を持つことは検証者は分かりますが，それ以外の秘密情報に関しての知識を検証者は得ることができません．ゼロ知識証明は，ユーザ認証に応用できます．秘密情報として，離散対数の値を用いたゼロ知識証明のユーザ認証が，シュノア認証になります．

- **シュノア認証での準備**：認証されるユーザが証明者に，認証サー

---

[1] C. Schnorr, "Efficient identification and signatures for smart cards," Advances in Cryptology—CRYPTO'89, pp.239-252, 1990.

バが検証者になります.エルガマル署名と同様に,大きい素数 p と

$$a^k = 1 \pmod{p}$$

を満たす最少の正整数 k(位数)が大きい値となる a を選んでおきます.証明者は,ランダムに,k 未満の正整数 x を選び,$y = a^x$ を計算します.証明者の秘密鍵は x,検証者が持つ公開鍵は y となります.

● **シュノア認証のプロトコル**:シュノア認証のプロトコルを図 5.4 に示します.まず,証明者は k 未満の乱数 r を選び,$t = a^r$ を計算して,t を検証者に送ります.次に,検証者は k 未満の乱数 c を選び,証明者に返します.最後に,証明者は,送られてきた c に対して $s = r + cx \pmod{k}$ を計算して,s を検証者に送ります.検証者は,検証式 $t = a^s y^{-c}$ が成り立つかをチェックし,成り立つなら認証成功とします.

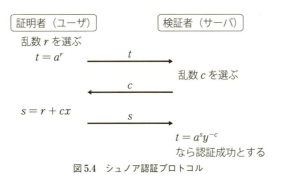

図 5.4 シュノア認証プロトコル

もし証明者が秘密鍵 x を保持していて,プロトコルの計算を正しく行った場合,以下のように検証式が成立します.

$$
\begin{aligned}
(\text{右辺}) &= a^s y^{-c} \\
&= a^{r+cx}(a^x)^{-c} \\
&= a^{r+cx-cx} \\
&= a^r \\
&= t = (\text{左辺})
\end{aligned}
$$

こうして，正しい証明者は必ず認証に成功することになります．

● シュノア認証の安全性

ゼロ知識証明の安全性として，健全性と秘密性（ゼロ知識性）があります．

(1) シュノア認証の健全性：健全性とは，秘密鍵を持たない者は，証明者として認証に成功しないということです．すなわち，認証においては，秘密鍵を持たない不正者のアクセスを拒否するということになります．シュノア認証の場合は，以下を証明することにより健全性を示します．

> "もし証明者 P がシュノア認証に成功するなら，P を用いて秘密鍵 x を計算できる"

• **健全性証明の概要**：シュノア認証に成功する証明者 P を用いて，以下のように秘密鍵 x を計算するアルゴリズム M を考えます．まず M は検証者として P とシュノア認証を行います．このときのシュノア認証で通信された値を (t, c, s) とします．認証に成功しているので，検証式

$$t = a^s y^{-c}$$

を満たします.次に P をリセットして,もう一度 M は検証者として P とシュノア認証を行います.このとき, P は t を最初に送信してきますが,M は 1 回目のシュノア認証の実行とは異なる c' を返信します.すると,2 回目のシュノア認証で通信された値は,(t, c', s') となり,

$$t = a^{s'} y^{-c'}$$

が成立します.こうして,

$$a^s y^{-c} = a^{s'} y^{-c'}$$
$$y^{c'-c} = a^{s'-s}$$

が成立し,$c' \neq c$ から $y = a^{(s'-s)/(c'-c)}$ が得られるので,$x = (s'-s)/(c'-c) \bmod k$ が計算できることになります.

この健全性は,対偶を考えると,秘密鍵 x を持たないなら P は認証に成功しないことを意味します.

(2) シュノア認証の秘密性:ゼロ知識証明での秘密性はゼロ知識性として定義されます.ゼロ知識性とは,検証者に対して,証明しようとしている事実以外は一切情報を漏らさないという意味です.このゼロ知識性は,以下を証明することにより示されます.

"秘密鍵なしで,正当な通信内容を真似できる"

- **ゼロ知識性証明の概要**:通常のシュノア認証では,t, c, s の順で計算されます.一方,ゼロ知識性を示すときは,この順番を変え

ます.まず,c' を選び,次に s' をランダムに選びます.すると,$t' = a^{s'}y^{-c'}$ として t' を計算すれば,検証式を満たすことになります.このとき,通常の (t, c, s) と順番を変えて生成した (t', c', s') の確率分布は同じであり,区別することができません.このような区別できない情報 (t', c', s') を秘密鍵なしで計算できる(真似できる)ということは,元の (t, c, s) も秘密鍵の情報を一切提供していないということを意味します.こうして,ゼロ知識性が成り立ちます.

● **シュノア署名の構成**

シュノア認証は認証プロトコルであり,証明者と検証者間での行ったり来たりの相互通信が必要となります.また,メッセージとの依存関係もありません.このため,このままでは署名として使用できません.一方で,ハッシュ関数を用いて,相互通信をなくし,メッセージとの依存関係を持たすことで,ゼロ知識証明をディジタル署名に変換できます.以下に,シュノア認証から変換されたシュノア署名の構成を紹介します.鍵生成は同じなので省略します.ハッシュ関数 H はエルガマル署名と同様のものです.

• **署名生成**:任意のサイズのメッセージ M に対して,k 未満の正整数 r をランダムに選び,

$$t = a^r$$
$$c = H(M|t)$$
$$s = r + cx \pmod{k}$$

を計算し,二つの値のペア (c, s) を署名とします.ここで,$M|t$ は,M と t の値をビット列として結合することです.

- **署名検証**：送られてきたメッセージ M と署名 (c, s) に対して，まず

$$t = a^s y^{-c}$$

を計算します．そして，

$$c = H(M|t)$$

の等式が成り立つかを確認し，成り立つなら署名は正しいとし，成り立たないなら署名は正しくないと判断します．

● シュノア署名の安全性

署名生成は，シュノア認証の t, c, s とほぼ同様です．ただし，シュノア認証で検証者がランダムに選んで証明者に送っていた c がハッシュ関数から計算された擬似乱数になっています．これにより，検証者との相互通信が必要なくなり，署名者だけで署名生成できるようになっています．署名検証は，シュノア認証の検証式とハッシュ関数の確認です．このハッシュ関数の入力は M と t になっています．これによりメッセージに依存して計算されるようになっていて，メッセージの改ざんを防止しています．また，t に依存しているため，ユーザは，t, c, s の順番に作ることしかできません（ハッシュ関数の一方向性のため，c から t は作れない）．こうして，シュノア認証と同じ流れの計算であることが保証され，シュノア認証の安全性が成り立つために，変換したシュノア署名も安全（偽造不能）であることが保証されます．

⑥

インターネットへの応用

　暗号・認証技術は，ネットワーク上での安全な通信を実現するために利用されています．本章では，その応用例をいくつか紹介します．

6.1 サーバ認証

　ディジタル署名は，Web におけるサーバの正しさを保証するために利用されています．インターネットでサービスを利用するとき，ユーザは Web ブラウザを利用して，そのサービスを提供する Web サーバにアクセスします．サービスを利用する際に，ユーザは ID とパスワードを用いてユーザ認証を行い，それに成功すると，そのユーザへのサービスが行われます．例えば，ネット銀行にアクセスする場合，ユーザ認証により本人確認を行った後，そのユーザの口座を利用でき，その口座からの振込みなどを行うことができます．

　フィッシング（phishing）と呼ばれる詐欺があります（図 6.1）．攻撃者は，本当のサーバであるかのように装った偽の Web サーバ

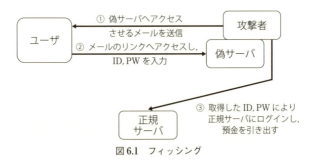

図 6.1 フィッシング

を準備しておきます．そして，ユーザにメールなどで，偽サーバへのリンクを送り，偽サーバにアクセスさせます．ユーザが，本当のサーバであると信じて，IDとパスワードを送ってしまうと，この攻撃者は，IDとパスワードの取得に成功することになります．攻撃者は，正規のサーバにアクセスできるようになるため，ネット銀行なら，銀行口座から預金を引き出すことができてしまいます．

このような攻撃が成功してしまうのは，サーバが正しいかどうか確認できていないためです．Webでは，ディジタル署名により，**サーバ認証** (server authentication) が行われます．サービスを利用する前に，サーバは自身のディジタル署名をユーザに送ります．ディジタル署名では署名者が正しいかどうか確認できるので，正しいサーバかどうかが確認できることになります．

6.2 公開鍵証明書

ディジタル署名では，署名者の公開鍵を用いて署名の正しさを検証しますが，このとき公開鍵が本当にその署名者の正しい公開鍵かどうか保証される必要があります．保証されていない場合，次のような攻撃があります（図 6.2）．秘密鍵 sk_A と公開鍵 pk_A を持つサーバAへの攻撃を考えます．まず攻撃者は，自分自身で勝手

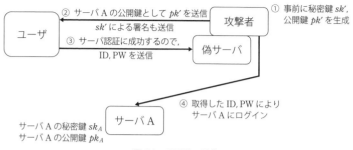

図 6.2　公開鍵の偽装

に，秘密鍵と公開鍵のペア sk', pk' を作成しておきます．そして，フィッシング攻撃のように，偽サーバへユーザをアクセスさせます．サーバ認証により，ユーザはサーバの正当性を確認するとします．このとき，攻撃者は，サーバ A の公開鍵だとして，pk_A ではなく pk' を送ります．さらに，秘密鍵 sk' を用いたディジタル署名をユーザに送付します．このディジタル署名は公開鍵 pk' により検証に成功するので，認証に成功してしまいます．こうして，ユーザは偽サーバがサーバ A であると信じてしまい，フィッシングのようにパスワードを盗られてしまいます．

この攻撃は，公開鍵のデータを見ても，それが本当に対応する者のものであるか判断できないために起こります．例えば，RSA 署名の公開鍵は (e, n) ですが，n はランダムな素数 p, q の積なのでランダムな値となり，それを見ただけでは誰のものであるか判断できません（e は固定値が用いられます）．そこで，**公開鍵証明書** (public-key certificate) が，公開鍵の正しさを保証するために用いられます．公開鍵証明書とは，公開鍵のディジタル署名であり，**認証局 (CA)**(Certificate Authority) と呼ばれる第三者機関により署名されます．公開鍵証明書として実際に署名される内容は，公開鍵

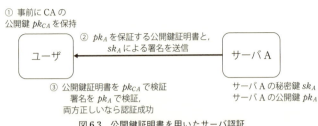

図 6.3 公開鍵証明書を用いたサーバ認証

データとその所有者の ID 情報が主ですが,発行者に関する情報や有効期限なども含まれます.

公開鍵証明書を用いたサーバ認証は次のようになります(図 6.3).検証するユーザは,事前に,認証局の正しい公開鍵 pk_{CA} を保持しておく必要があります.認証時に,サーバ A は,自身の公開鍵 pk_A を保証した公開鍵証明書(公開鍵 pk_A 自身も含まれます)と pk_A に対応した秘密鍵 sk_A により作成されたディジタル署名を送付します.この認証方法では公開鍵 pk_A の正しさが保証されるため,公開鍵を偽装した攻撃が防止されます.

6.3 PKI

前節では,認証局が単一の簡単な状況を想定しています.しかし,多数の公開鍵の証明書を管理する必要があるので,実際には,複数の認証局が階層的に管理しています.3 階層の場合を図 6.4 に示します.

このとき,ルート認証局から連鎖的に公開鍵証明書を発行します.まず,最上位のルート認証局が次の階層の中間認証局に対して,公開鍵証明書 $Cert_1$ を発行します.すなわち,中間認証局の公開鍵 pk_2 をメッセージとして,ルート認証局の秘密鍵 sk_1 で署名をして発行します.この証明書はルート認証局の公開鍵 pk_1 により

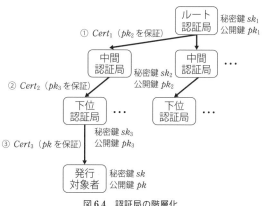

図 6.4 認証局の階層化

検証できます．同様に，中間認証局は，最下位の下位認証局に対して，下位認証局の公開鍵 pk_3 を保証する公開鍵証明書 $Cert_2$ を発行します．一方，発行対象者（サーバ認証でのサーバ）は，下位認証局に対して登録を行い，自身の公開鍵 pk を保証する公開鍵証明書 $Cert_3$ を発行してもらいます．この証明書を検証する公開鍵は下位認証局の公開鍵 pk_3 になります．また，発行対象者は上位の証明書 $Cert_1$ と $Cert_2$ も取得しておきます．

発行されたサーバは，サーバ認証では，全ての証明書 $Cert_1$，$Cert_2$, $Cert_3$ と自身の sk による署名を検証者であるユーザに送ります．このとき検証者はルート認証局の正しい公開鍵 pk_1 を持っておく必要があります．すると，まず $Cert_1$ を pk_1 で検証して pk_2 が正しいことが確認できます．次に，正しことが確認ずみの pk_2 を用いて $Cert_2$ を検証して，pk_3 が正しいことが確認できます．最後に，pk_3 を用いて $Cert_3$ を検証することにより，このサーバの公開鍵 pk の正しさが保証されます．

認証局を階層化することにより，一つの下位認証局が管理する公

開鍵の数を制限できるため，効率的に公開鍵の保証を第三者機関により行うことができます．このような公開鍵の正当性を保証するためのしくみ（基盤）を **PKI**（Public-Key Infrastructure）と呼びます．

PKI では，ルート認証局の公開鍵が正しいことが前提になります．また，信頼できる中間認証局や下位認証局のみに証明書を発行していることも必要となります．Web ブラウザなどの PKI を利用するアプリケーションでは，厳格な基準の審査に合格した，信頼できるルート認証局の公開鍵が予め格納されています．

6.4 ハイブリッド暗号

次節で説明する SSL/TLS など，暗号技術の応用では，共通鍵暗号と公開鍵暗号が組み合せて用いられます．

共通鍵暗号と公開鍵暗号では，以下のような利点・欠点があります．

- **共通鍵暗号**
    利点： 公開鍵暗号と比較して，シンプルな処理の繰り返しのため，処理が高速．

    欠点： 事前に，秘密鍵の共有が必要．

- **公開鍵暗号**
    利点： 暗号化されていない通信で公開鍵を送付できるため，事前に秘密鍵の共有が必要ない．

    欠点： 共通鍵暗号と比較して，処理が低速．一つのデータサイズが大きく（RSA 暗号なら，2048 ビット），処理の重い演算（べき乗算など）が必要なため．

これを見て分かるように，共通鍵暗号と公開鍵暗号では，利点と欠点が逆の関係になっています．そこで，両方の暗号を組合せることにより，一方の暗号の欠点を他方の暗号の利点で打ち消す

ことができます.この組合せた手法を**ハイブリッド暗号**(hybrid cryptosystem)と呼んでいます.

ハイブリッド暗号の流れは以下の通りです(図6.5).

1. 共通鍵暗号用の秘密鍵 k を共有するために,送信者 A は k をランダムに生成します.
2. 送信者 A は,受信者 B の公開鍵 pk_B による公開鍵暗号を用いて,平文として k を暗号化した暗号文 $E_{pk_B}(k)$ を受信者 B に送ります.
3. 受信者 B は,公開鍵暗号の暗号文 $E_{pk_B}(k)$ を対応する自分の秘密鍵 sk_B で復号して,この暗号文の平文である k を取り出します.この結果として,秘密鍵 k を A と B の間で安全に共有できています.
4. 送信者 A は,共有した秘密鍵 k による共通鍵暗号を用いて,送りたいデータ $Data$ を暗号化した暗号文 $E_k(Data)$ を受信者 B に送信します.
5. 受信者 B は,同じ秘密鍵 k を用いて,$E_k(Data)$ を復号して,$Data$ を取り出します.

図6.5 ハイブリッド暗号

このハイブリッド暗号により，各暗号の欠点を克服しています．まず，鍵を公開して送ることのできる公開鍵暗号を用いて秘密鍵 k を共有することにより，共通鍵暗号での鍵共有の問題を解決しています．また，データの暗号化には共通鍵暗号を使っているので，データが大きくても高速に暗号化することができます．公開鍵暗号を k の暗号化に用いていますが，k のサイズは AES の場合 128 ビットなので，その処理時間はそれほど問題にはなりません．

6.5 SSL/TLS

● SSL/TLS とは？

昔から使われている，インターネットでのプロトコル（通信手順）では，暗号化はされておらず，パスワードなどの重要な情報も平文で送付されています．Web では，**HTTP**（Hyper Text Transfer Protocol）というプロトコルが利用されています．HTTP は単純なプロトコルであり，ブラウザから Web サーバへリクエストを送ると，サーバはブラウザへレスポンスを返します．各リクエスト・レスポンスは平文で構成されます．Web サービスを利用する際に，ユーザはログインするために ID とパスワードを送信しますが，これらの情報は平文で流れることになります．このため，HTTP をそのまま利用している場合，通信の途中のルータなどで，パスワードを盗聴される可能性があります．

暗号化を行うように HTTP を拡張することも考えられますが，実際には，別のプロトコルとして **SSL**（Secure Sockets Layer）**/TLS**（Transport Layer Security）と呼ばれるプロトコルが実装されています．元々は，Netscape と呼ばれるブラウザを開発していたネットスケープコミュニケーションズ社が開発したプロトコルが SSL と呼ばれていて，SSL という名前で広く普及しました（SSL1.0

〜SSL3.0)．1999 年に標準化される際に，TLS（TLS1.0〜）という名前になっています．

SSL/TLS は，TCP と呼ばれるトランスポート層のプロトコルと，HTTP などのアプリケーション層のプロトコルの間に入って暗号化や認証を行います．インターネットでの通信は，階層化されて設計されています．下の階層は，物理的に接続された装置間の通信のプロトコルであり，最上位のアプリケーション層のプロトコルは，実際のアプリケーションレベルでどのようにやりとりするかを規定します．インターネットでは，中間の層のプロトコルとして，トランスポート層の **TCP**（Transmission Control Protocol）とネットワーク層の **IP**（Internet Protocol）というプロトコルが規定されています．IP では，ルータと呼ばれる装置を介して，パケットと呼ばれる単位に分割されたデータを逐次転送するための手順が定められています．TCP では，IP によるパケットの配送を利用した上で，さらに，送信者・受信者までの信頼できる通信を確保するための手順が定められています．パケットが配送の途中で喪失した場合再送を行いますし，送信した順番で到着しないパケットを正しく並び換えたりします．こうして，TCP/IP を利用することにより，より上位のアプリケーション層のプロトコルは，送信者・受信者間での信頼できる通信を前提とした上で，アプリケーションに依存した部分の通信手順を設計すればよいということになります．例えば，HTTP では，ブラウザからサーバへの通信は確保されているので，その上で，リクエストとしてどのようなデータを送ればよいのか，レスポンスとしてどのようなデータを返せばよいのかということが規定されています．しかし，従来の TCP/IP では，通信の途中での盗聴や改ざんを想定していないため，データの暗号化や認証が行われません．すなわち，必要なら，より上位のアプリケーション層で行う必

要があります．一方で，アプリケーション層のプロトコルは，Webやメールなどそれぞれのアプリケーションに依存した手続きのみを規定する方が望ましいです．暗号化や認証は，アプリケーションに依存せず，Webでもメールでも必要となるためです．このため，SSL/TLSは，トランスポート層のTCPの上位のプロトコルとして設計されており，最上位のアプリケーション層のプロトコルは，より下位のプロトコルとしてSSL/TLSの暗号化・認証処理を使用できます．

安全なWeb通信を実現するために，SSLの上でHTTPを動作させます．これを**HTTPS**(HTTP over SSL/TLS, HTTP Secure)と呼びます．Webで通信するときに，"`https://...`"としてアクセスする場合は，HTTPSで通信しており，SSL/TLSにより通信の安全性が保証されます．メールの配送を行うプロトコルSMTP (Simple Mail Transfer Protocol)や，メールサーバからメールを受信するためのプロトコルであるPOP (Post Office Protocol)も，SSL/TLSの上で動作させることができ，パスワードを秘匿した通信が実現されています．

SSL/TLSは，ハンドシェイクプロトコルとレコードプロトコルの二つからなります．以下でそれぞれ見ていきます．

● ハンドシェイクプロトコル

実際のデータ通信を行う前に，**ハンドシェイクプロトコル** (handshake protocol)が実行されます．通信プロトコルにおいて，サービスを提供する側を**サーバ**(server)と呼びますが，受ける側を**クライアント**(client)と呼びます．Webの場合，WebサーバがサーバであI，ユーザのWebブラウザがクライアントになります．図6.6に，ハンドシェイクプロトコルの流れを示します．

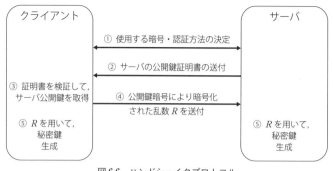

図6.6 ハンドシェイクプロトコル

　まず，使用する暗号や認証の方法を決定します（図6.6 ①）．本書で紹介しているように，暗号・認証の方法は様々あります．また，攻撃の発見などにより，ある方法は使用できなくなっている可能性もあります．そのため，ハンドシェイクプロトコルの度に，サーバ・クライアント間でどの方法を使用するのか決めておく必要があります．

　ハンドシェイクプロトコルでは，サーバ・クライアント間において，公開鍵証明書を用いたサーバ認証が行われます．オプションとして，クライアント認証もできますが，公開鍵証明書を使った認証となります．事前に，各ユーザが公開鍵を生成した上で，CAに登録してクライアントの公開鍵証明書を取得しておく必要があります．パスワードを使ったユーザ認証の方が簡単なため，SSL/TLSではクライアント認証はせず，アプリケーション層のレベルで，パスワードを使った認証が通常行われています．Webの場合，WebページのWebページの入力フォームから，ユーザがIDとパスワードを入力してWebサーバに送付し，それをWebサーバで確認することにより，ユーザ認証を行っています．このとき，HTTPはSSL/TLS上で行

われるので,入力されたパスワードは暗号化されていて盗聴されることはありません.

サーバ認証は,6.3節で説明したように,CAにより発行された公開鍵証明書を送付することにより行われます(図6.6 ②).PKIの階層構造に基づいて連鎖的に複数の証明書が発行されている場合は,それら全ての証明書の検証がなされ,正しければ,サーバ公開鍵が正しいものであるとして,次のステップに進みます(図6.6 ③).

次に,共通鍵暗号のための秘密鍵の共有が行われます.ハイブリッド暗号の手法が採用されていて,受け取ったサーバ公開鍵で暗号化した乱数 R をクライアントは送信します(図6.6 ④).この乱数 R を共通鍵暗号のための秘密鍵としてそのままは使用せず,実際には,この乱数 R に基づいて,擬似乱数生成アルゴリズムを適用して生成した秘密鍵が利用されます(図6.6 ⑤).レコードプロトコルでの暗号化・認証において,4つの秘密鍵を利用するため,擬似乱数生成アルゴリズムを用いて適切な長さの擬似乱数を生成しています.また,公開鍵暗号で暗号化して乱数 R を送付する代わりに,DH鍵共有(3.3節参照)も使用できます.DH鍵共有を用いることにより,暗号化通信を前提とせずに安全に乱数を共有することができます.

● レコードプロトコル

実際のデータの送受信は,**レコードプロトコル**(record protocol)により行われます(図6.7).クライアントからサーバ,サーバからクライアントの双方の通信において,送信データが固定サイズのデータに分割されて,各データが共通鍵暗号により暗号化されます.また,各データの改ざんを防止するためにMACが付与され送

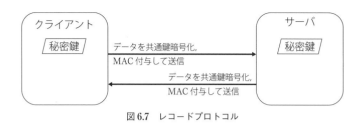

図 6.7 レコードプロトコル

信されます．ハンドシェイクプロトコルにより4つの秘密鍵が共有されていますが，それぞれクライアントからサーバへの通信での暗号化用とMAC用，サーバからクライアントへの通信での暗号化用とMAC用の秘密鍵として使用されます．

● SSL/TLSへの攻撃

SSL/TLSはインターネットの安全な通信において欠かせないものですが，SSL/TLSに対する様々な攻撃・脆弱性が知られています．

2011年には，TLS1.0に対して，**BEAST**（Browser Exploit Against SSL/TLS）と呼ばれる攻撃が示されました．これは，TLS1.0でのブロック暗号におけるCBCモードの実装における脆弱性（IVの取り扱い）を利用したものです．TLS1.1では，IVの取り扱いを修正することにより対策されています．

2014年には，SSL3.0の問題を利用した**POODLE**（Padding Oracle On Downgraded Legacy Encryption）と呼ばれる脆弱性が示されています．SSL3.0はTLS策定以前の古いプロトコルですが，ブロック暗号でのパディング処理に問題があります．パディングとは，平文をブロックに分割したときにちょうどブロックサイズにならない場合，決められた値を追加してブロックサイズになるようにすることです．SSL3.0では，任意のパディング値を使用できたた

め，それを利用して平文を1バイトずつ推測する攻撃が存在します．TLS1.0以降を使用すればこの攻撃は防げますが，SSL/TLSでは，新しいバージョンでの接続に失敗すると古いバージョンで接続しようとします．このため，SSL3.0 までバージョンが下げられると上記のパディングによる攻撃が成功してしまいます．この脆弱性への対策として，ブラウザおよびサーバにおいてSSL3.0を無効化する設定がなされています．

SSL/TLSのオープンソースのライブラリとして**OpenSSL**があります．様々なOSとプログラミング言語に対応しており，SSL/TLSの機能を呼び出して実行できます．2014年に，**HeartBleed**と呼ばれるOpenSSLの実装上の脆弱性が見つかっています．これは，OpenSSLのメモリ管理にバグがあり，攻撃者がサーバのメモリにアクセスして秘密鍵を読み取ることができてしまうという脆弱性です．このように，SSL/TLSプロトコル自体ではなく，それをプログラムとして実装するときのバグでも脆弱性が発生します．

また，SSL/TLS自体ではなく，利用する暗号・認証の安全性が弱くなる（危殆化する）可能性もあります．次節では，暗号の危殆化について見ていきます．

6.6 暗号の危殆化

ワンタイムパッドでは，2.1節で示したように，たとえ解読に無限の計算時間をかけても，平文を推測することはできません．このような安全性を，確率に基づいた情報量から安全性が明確化されるため，**情報理論的安全性**（information-theoretic security）と呼びます．一方，現在使用されている暗号では，全ての鍵の候補で復号を試すことにより解読することが可能です．このような総当たり攻撃を**ブルートフォース攻撃**（brute force attack）と呼びます．鍵の

サイズ k に対して，ビットデータである鍵の候補は 2^k 通りとなります．つまり，2^k の計算をしてやると解読できることになります．ただしハッシュ関数の場合は，4.1 節で示したように，バースデイパラドックスのために，ハッシュ値のサイズ k に対して総当たり回数は $2^{k/2}$ となります．しかし，k が大きくなると，2^k は膨大な数になり，現在のコンピュータでは，たとえ多数のコンピュータで分散して計算しても，解読時間が天文学的になり解読できません．このような，鍵のサイズに対する計算の量に基づいて定義される安全性を**計算量的安全性**（computational security）と呼びます．

コンピュータの計算性能は年々良くなっていっているため，ある量の計算をその時点での高速なコンピュータで計算する時間は，年々変わります．このため，ある解読計算量の暗号は，ある時点では解読不能であっても，将来的には解読される可能性があります．一方で，鍵のサイズ k が大きくなると暗号化・復号の処理時間が長くなるので，できる限り k は小さくしたいという要求もあります．この二つを考慮して鍵サイズは決められています．

各暗号には，特有の攻撃が見つかる場合があります．DES では，差分解読法や線形解読法などが知られており，総当たりの計算量 2^{56} よりも少ない計算量で解読されます．ハッシュ関数 SHA-1 についても攻撃法が見つかっていて，バースデイパラドックスでの計算量 2^{80} よりも少ない計算量で攻撃されます．RSA 暗号は，$n = pq$ を p と q に素因数分解できないことに安全性が基づいています．素因数分解についても解読の研究が進んでいて，数体ふるい法と呼ばれる手法により，2010 年に 768 ビットの合成数が素因数分解されています．

このように，コンピュータの計算性能の向上と特有の攻撃の発展により，暗号の安全性が弱くなる可能性があり，このことを暗

号の**危殆化**(きたいか)(compromise)と呼んでいます．危殆化に対応するために，定期的に暗号・認証の方法や鍵のサイズを変更していく必要があります．一般の利用者が暗号の危殆化を判断するのは困難なので，信頼できる機関が，暗号研究者の意見に基づいて，推奨暗号リストを公開しています．日本では，**CRYPTREC** (CRYPTography Research and Evaluation Committee) という国のプロジェクトが，電子政府推奨暗号リストを公開しています．

高機能暗号

　本章では，最新の暗号・認証の研究として，高機能暗号を紹介します．

　従来の公開鍵暗号では，送信者と受信者の2者間の通信に対して，通信路上の攻撃者が盗聴できないことを安全性としています．しかし近年では，より複雑な通信環境になってきています．また，ユーザのプライバシー保護も強く求められてきています．一方で，2000年以降になって，楕円曲線暗号において双線型写像と呼ばれる関数を利用することにより，通常の暗号に機能を追加した高機能暗号が提案されてきています．追加される機能としては，IDや属性に基づいた暗号化，暗号化されたままの検索，多数の受信者を想定した暗号化などがあります．高機能暗号を利用することにより，クラウド環境など複雑な通信環境や通信モデル，ユーザのプライバシー保護などの高度な安全性に対応して暗号化や認証を行うことができます．

7.1 双線型写像

2入力・1出力の双線型写像となる関数 e を考えます．入力はいずれも群 G の要素とし，出力は別の群 G_T の要素とします．楕円曲線上で定義できますが，その場合 G は楕円曲線の有理点の加法群，G_T は乗法群（乗算を演算とした群）になります．また，e は**ペアリング**（pairing）と呼ばれる計算により実現することができます．**双線型写像**（bilinear map）では，以下の双線型性と非退化性を満たします．

- **双線型性**：群 G の任意の要素 P, Q と任意の整数 a, b に対して，$e(aP, bQ) = e(P, Q)^{ab}$.
- **非退化性**：群 G のある要素 P が存在して，$e(P, P)$ は G_T の単位元でない．

双線型性は以下も意味します．

群 G の任意の要素 P, Q, R に対して，

$$e(P+Q, R) = e(P, R) \cdot e(Q, R),$$
$$e(P, Q+R) = e(P, Q) \cdot e(P, R).$$

双線型性を利用することにより，新しい暗号を構成できます．

7.2 ID ベース暗号

従来の公開鍵暗号では，公開鍵とその所有者との対応を公開鍵証明書で保証する必要があります（6.2節参照）．これは，公開鍵はランダムなデータであり，公開鍵を見ただけでその所有者は分からないためです．それに対して，**ID ベース暗号**（identity-based encryption）では，自分の ID，例えばメールアドレスを公開鍵とす

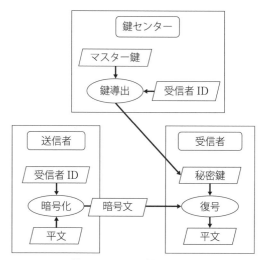

図 7.1 ID ベース暗号のモデル

ることができます．これにより証明書を利用しなくても公開鍵の正しさを確かめることができます．一方で，各ユーザの秘密鍵を生成するための信頼できる鍵センターを必要とします．以下に，Bonehらが 2001 年に提案した ID ベース暗号方式[1]を以下に紹介します．ID ベース暗号のモデルを図 7.1 に示します．

● **マスター鍵生成**：鍵センターは，楕円曲線暗号（楕円エルガマル暗号）と同様に，有理点 P を選び，ランダムに P の位数 k 未満の正整数 x を選び，$Q = xP$ を計算します．この x は，鍵センターの秘密鍵（マスター鍵）になります．(P, Q) をこのシステム全体の

---

[1] D. Boneh, M. K. Franklin, "Identity-based encryption from the Weil pairing," CRYPTO 2001, LNCS 2139, pp.213–229, 2001.

公開パラメータとして公開します.この楕円曲線の有理点がなす群を G として,それ上の双線型写像であるペアリング e を考えます.また,任意の ID の値を群 G の要素に写像するハッシュ関数 H_1 と,G の要素から ℓ ビットのビット列に写像するハッシュ関数 H_2 も設定しておきます.

- **ユーザの秘密鍵生成**:鍵センターは,ID ID_i を持つユーザ i に対して,$K_i = xH_1(ID_i)$ として秘密鍵 K_i を生成し,ユーザ i に配布します.

- **暗号化**:公開パラメータ (P, Q) と暗号文の受信者 i の ID ID_i を入力として,ランダムに P の位数 k 未満の正整数 r を選び,以下のように平文 M(ただし,M は ℓ ビットのビット列)の暗号文 (C_1, C_2) を作成します.

$$C_1 = rP$$
$$C_2 = M \oplus H_2(e(Q, H_1(ID_i))^r)$$

ここで $\oplus$ はビットごとの XOR です.

- **復号**:ユーザ i は,公開パラメータ (P, Q) と自分の秘密鍵 K_i,送られてきた暗号文 (C_1, C_2) を入力として,以下を計算して元の平文 M を復号します.

$$M = C_2 \oplus H_2(e(C_1, K_i))$$

- **なぜ復号できるのか**:C_2 は,$Q = xP$ と e の双線型性を用いると,以下のように変形できます.

$$C_2 = M \oplus H_2(e(Q, H_1(ID_i))^r)$$
$$= M \oplus H_2(e(xP, H_1(ID_i))^r)$$
$$= M \oplus H_2(e(P, H_1(ID_i))^{xr})$$

一方で,復号の計算式は,$C_1 = rP$, $K_i = xH_1(ID_i)$ と e の双線型性を用いると,以下のように変形できます.

$$C_2 \oplus H_2(e(C_1, K_i))$$
$$= C_2 \oplus H_2(e(rP, xH_1(ID_i)))$$
$$= C_2 \oplus H_2(e(P, H_1(ID_i))^{xr})$$

ここで,$C_2 = M \oplus H_2(e(P, H_1(ID_i))^{xr})$ なので,上の式に代入すると,

$$M \oplus H_2(e(P, H_1(ID_i))^{xr}) \oplus H_2(e(P, H_1(ID_i))^{xr})$$

となりますが,ワンタイムパッドのときに説明したように,同じ値を2回 XOR するとキャンセルされるので,上の式は M と等しく,正しく復号できることが分かります.

・**安全性**:(楕円)エルガマル暗号では,ユーザの秘密鍵と暗号文中の乱数部分とで DH 鍵共有する形になっていましたが,ID ベース暗号でも似たような鍵共有の構造になっています.ユーザの秘密鍵 $K_i = xH(ID_i)$ と暗号文の $C_1 = rP$ から,送信者は $H_2(e(Q, H_1(ID_i))^r)$ として,受信者は $H_2(e(C_1, K_i))$ として,$R = H_2(e(P, H_1(ID_i))^{xr})$ の部分を作れます.暗号文の送信者と受信者のみがこの値 R を作れ,R は r のために乱数になっているので,暗号文ごとに秘密鍵 R を共有していることになります.C_2 はメッセージ M を秘密鍵 R でワンタイムパッド暗号化している形

になっているので, R の乱数性の元で暗号文は安全ということになります.

7.3 検索可能暗号

従来の暗号では, 受信者のみが復号可能であり, それ以外の者は全く復号できないことを暗号の安全性としています. 一方で, 現在のネットワークサービスは複雑化しており, もっと柔軟な暗号が必要とされてきています. ここでは, クラウド環境を考えます. クラウド環境では, 各ユーザがクラウドのサーバに自身のデータを保存し, サーバが計算などの処理を行います. これにより, スマートフォンなどの非力な端末でも高機能なサービスを利用できます. このような環境では, データ漏洩を防ぐためにサーバ上で暗号化が行われますが, サーバが暗号化を行うため, サーバはユーザのデータを盗み見することが可能です. これを防ぐためには, ユーザが暗号化を行い, 暗号化データをサーバに保存する必要があります. しかし, この場合, サーバは保存されているデータがどのようなものであるか分からなくなってしまいます. すると, サーバ上でデータを検索することができなくなってしまいます.

この問題を解決する高機能暗号として, **検索可能暗号** (searchable encryption) が提案されています. 公開鍵暗号ベースと共通鍵暗号ベースが提案されていますが, ここでは双線型写像を用いた公開鍵暗号ベースの方式を紹介します.

● 検索可能暗号のモデル

検索可能暗号のモデルを図 7.2 に示します. 検索可能暗号では, 検索のためのキーワードを暗号化できます. これをキーワード暗号文と呼ぶことにします. 公開鍵暗号のモデルをベースにしていて,

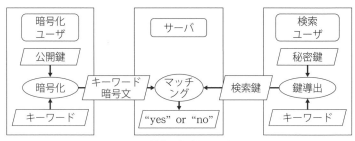

図 7.2 検索可能暗号のモデル

秘密鍵を持つ特定のユーザのみがキーワードの検索を許されていて，対応する公開鍵を持つユーザがキーワード暗号文を作成します．暗号化ユーザは，キーワードに対して公開鍵を用いて暗号化します．暗号化の度に異なる乱数を利用するため，同じキーワードでも異なる暗号文が生成されます．キーワード暗号文は，元々のデータの暗号文とともに，サーバに保存されます．一方，秘密鍵を持つ検索ユーザは，キーワードと秘密鍵からそのキーワードに対応した検索鍵を生成し，検索鍵をサーバにそのキーワードの検索として送ります．このとき，検索鍵からキーワードが何か分からないようになっています．このしくみにより，サーバに対して，データの暗号化だけでなく，そのデータのキーワードが何であるか，また検索しているキーワードが何であるかということも秘匿でき，サーバに対して安全性の高いシステムを構築できます．一方で，サーバは，あるマッチング計算により，キーワード暗号文と検索鍵のキーワードが同一かどうかを判定することができます．これにより，検索しているキーワードの暗号文のみを検索ユーザに送信することができ，暗号化したままでの検索を実現できます．

● 検索可能暗号の処理

2004 年に Boneh らにより提案された方式[2]の処理について見ていきます.

- **鍵生成**：検索ユーザは，ID ベース暗号と同様に，有理点 P を選び，ランダムに P の位数 k 未満の正整数 x を選び，$Q = xP$ を計算します．x は検索ユーザのマスター秘密鍵となり，(P, Q) を公開鍵として公開します．ID ベース暗号と同様に，楕円曲線の有理点がなす群を G，それ上の双線型写像 e を考え，任意のビット列を群 G の要素に写像するハッシュ関数 H_1 と，G の要素から ℓ ビットのビット列に写像するハッシュ関数 H_2 も設定しておきます．

- **キーワード暗号化**：暗号化ユーザは，ランダムに P の位数 k 未満の正整数 r を選び，以下のようにキーワード W のキーワード暗号文 (C_1, C_2) を作成します．

$$C_1 = rP$$
$$C_2 = H_2(e(Q, H_1(W))^r)$$

- **検索鍵導出**：一方，検索ユーザは，以下のようにキーワード W' の検索鍵 T を導出します．

$$T = xH_1(W')$$

---

[2] D. Boneh, G. Di Crescenzo, R. Ostrovsky, and G. Persiano, "Public key encryption with keyword search," Eurocrypt 2004, LNCS 3027, pp.506-522, 2004.

- **マッチング**：暗号化ユーザから送られてきたキーワード暗号文 (C_1, C_2) と，検索ユーザから送られてきた検索鍵 T を用いて，サーバは以下の等式を確認し，キーワードが同一かどうか確認します．

$$H_2(e(C_1, T)) = C_2$$

この等式が成り立っている場合，キーワード暗号文と検索鍵のキーワードは等しいと判定し，そうでない場合はキーワードは異なると判定します．

- **なぜマッチングできるのか**：マッチングの等式の左辺は，双線型性を利用して以下のように変形できます．

$$H_2(e(C_1, T)) = H_2(e(rP, xH_1(W')))$$
$$= H_2(e(P, H_1(W'))^{xr})$$

一方で右辺は，以下のように変形できます．

$$C_2 = H_2(e(Q, H_1(W))^r)$$
$$= H_2(e(xP, H_1(W))^r)$$
$$= H_2(e(P, H_1(W))^{xr})$$

こうして，$W = W'$ のときのみ等式の左辺と右辺が等しくなることが分かります．

- **安全性**：この検索可能暗号は，ID ベース暗号と似た構成になっています．暗号文中の C_2 は，上記したように，

$$C_2 = H_2(e(P, H_1(W))^{xr})$$

の関係を持ちます．この値は乱数 r によりランダムに見えるため，

キーワード W の値を秘匿します．r は C_1, C_2 の両方に作用していますが，離散対数問題のために，C_1, C_2 から r を計算することはできません．一方，検索鍵 $T = xH_1(W')$ からも，キーワード W' の値は秘匿されます．これは，ハッシュ関数 $H_1(W')$ の一方向性から，ハッシュ関数の入力 W' を求めるのが困難なためです．ただし，固定の秘密鍵 x のみが作用していて，検索鍵導出ごとに乱数を選んでいないため，同じ検索鍵は同じ値になってしまう問題があります．このため，どのようなキーワードで検索しているかは秘匿されますが，検索キーワードの分布（同じキーワードで何回検索しているか）は漏れてしまいます．このような一部の情報を漏らすことにより効率的な検索を実現していますが，より処理を複雑にすることにより検索キーワードの分布すらも秘匿できる方式の研究もされています．

7.4 属性ベース暗号

双線型写像を用いた ID ベース暗号を拡張して，**属性ベース暗号**（attribute-based encryption）も提案されています．ID ベース暗号では，各ユーザの ID を公開鍵として，そのユーザのみ復号できる暗号文を作成できます．一方で，複数のユーザが復号できるように暗号化したい場合もあります．単純には，それぞれのユーザ向けの暗号文を作成すればいいのですが，暗号文が増加してしまいます．一方属性ベース暗号では，属性に向けて暗号文を作成できます．複数のユーザは同じ属性を持つことができるので，属性ベース暗号を用いることにより，効率的に複数のユーザが復号できる暗号化を行うことができます．図 7.3 に，属性ベース暗号のモデルを示します．ID ベースと同様に鍵センターを必要とします．ID の代わりに属性を用いるところが ID ベース暗号との違いです．同じ属性の秘

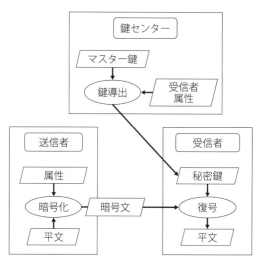

図 7.3　属性ベース暗号のモデル

密鍵を持つ全ての受信者は，その属性で暗号化された暗号文を復号できます．

　例えば，企業での部署を属性として暗号化することができます．「A 部門」という属性で暗号化した暗号文は，A 部門に所属している全ユーザは復号できますが，それ以外の部門のユーザは復号できなくなります．

　さらに，属性ベース暗号では，属性の関係式を用いて暗号化することができます．部門に加えて，役職も考えた場合，例えば，

　　「A 部門」または（「B 部門」かつ「部長」）

という関係式で暗号化を行うと，「A 部門」に所属している全ユーザが復号できるとともに，「B 部門」の「部長」のみも復号できます．一方，それ以外の部門のユーザや「B 部門」の「部長」以外の

ユーザは復号できなくなります.

このように，暗号文ごとに柔軟に属性を用いて復号可能なユーザのグループを設定できるため，きめ細かなアクセス制御が期待できます.

7.5 放送型暗号

多数のユーザに対して，暗号化データを配信したいという状況があります．例えば，映画などのコンテンツデータを，お金を払った正規ユーザのみに配信することが考えられます．

簡単な実現方法としては，同じ秘密鍵 K を全ユーザに配布しておき，配信者はその秘密鍵 K を用いてコンテンツデータを共通鍵暗号で暗号化し，配信することが考えられます（図 7.4）．しかし，あるユーザがこのサービスから脱退した場合，そのユーザが復号できないようにする必要がありますが，秘密鍵を変更しようとすると，全ユーザの秘密鍵を再配布する必要があり，現実的でありません．

もう一つ単純な方法として，ユーザごとに異なる秘密鍵 K_i を配

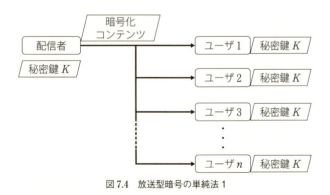

図 7.4　放送型暗号の単純法 1

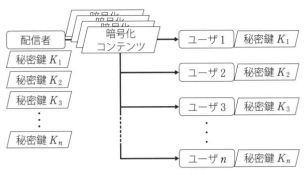

図7.5 放送型暗号の単純法2

布しておき，配信者はそれぞれの秘密鍵 $K_1, \ldots, K_n$ を用いてコンテンツデータを個別に共通鍵暗号で暗号化することも考えられます（図7.5）．この場合，それぞれの鍵ごとに暗号文が生成されるので，暗号化のコストが大きくなるとともに，配信するデータサイズも大きくなります．

一時的なセッション鍵を導入することにより，データサイズや暗号化コストを削減することができます．すなわち，送信者はコンテンツ配信ごとにセッション鍵 K を生成します．そして，各ユーザの鍵 K_i で K を個別に暗号化します（$C_1, \ldots, C_n$: C_i は，鍵 K_i による K の暗号文）．コンテンツデータは K を用いて暗号化をします（C_{data}）．（$C_1, \ldots, C_n$）と C_{data} が，全ユーザに配信されます．各ユーザ i は自身の鍵 K_i で C_i を復号してセッション鍵 K を取り出し，K を用いて C_{data} を復号してコンテンツデータを取得します．この場合，K のサイズが小さいため，ユーザ数に依存した暗号文データ（$C_1, \ldots, C_n$）は，コンテンツデータを個別に K_i で暗号化した場合よりも小さくなります．

この手法の場合，鍵 K_i がユーザごとなので，あるユーザ i が離

脱しても，その鍵 K_i による暗号文を除去することにより，他ユーザの鍵を再配布することなく，暗号コンテンツの配信が行えます．しかし，配信される暗号文データがユーザ数に比例してしまう問題が残っています．

このような問題に対して，双線型写像を用いることにより，効率的な**放送型暗号**（broadcast encryption）が提案されています[3]．この手法は公開鍵暗号ベースで構成されていて，各ユーザは自身の秘密鍵を持つとともに，システムにおける公開鍵を配信者側で使用します．これは公開鍵なので，事前に鍵共有する必要はありません．公開鍵のデータサイズはユーザ数に比例するものの，暗号文のサイズはユーザ数に依存せず固定となるため，効率的となっています（図7.6）．ユーザ i が離脱した場合，同じ公開鍵，秘密鍵を用いたまま，ユーザ i のみが復号できないような暗号文を作ることが可能です．

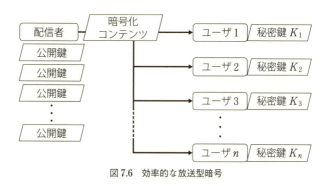

図7.6　効率的な放送型暗号

---

[3] D. Boneh, C. Gentry, and B. Waters, "Collusion resistant broadcast encryption with short ciphertexts and private keys," CRYPTO 2005, LNCS 3621, pp. 258-275, 2005.

7.6 準同型暗号

準同型暗号(homomorphic encryption)と呼ばれる高機能暗号では，暗号文の状態で平文の演算を行うことができます．例えば，平文 m_1 の暗号文 $E(m_1)$ と平文 m_2 の暗号文 $E(m_2)$ に対して，ある演算・を行ったときに，

$$E(m_1) \cdot E(m_2) = E(m_1 + m_2)$$

の関係式が成り立ちます．この場合は，平文 m_1, m_2 の和 $m_1 + m_2$ を暗号文として計算できています．つまり，$E(m_1) \cdot E(m_2)$ を復号することにより，各平文 m_1, m_2 自体を復号することなく，計算結果 $m_1 + m_2$ のみを復号できることになります．この場合は加算のみですが，加算と乗算の両方を行えるような暗号も提案されてきています．

準同型暗号は次のような応用例があります（図 7.7）．クラウドサーバにおいて，ユーザのヘルス情報を保存することを考えます．日ごとの血圧，体重，歩数などが考えられます．測定機器やスマートフォンなどで測定したデータをクラウドサーバに送信して保存します．このとき，7.3 節で述べたように，サーバに対しても情報を秘匿することが望ましいため，暗号化して保存します．しかし，普通に暗号化してしまうと，これらの情報をサーバ側で利用することができなくなってしまいます．一方，準同型暗号を用いるとこれらの情報の統計値（平均など）を，サーバ側で暗号化したまま計算することができます．ユーザ側は計算結果の暗号文のみを受け取って復号することにより，大量データの保存コストや計算コストを削減することができます．一方で，サーバに対して，ユーザのセンシティブなヘルス情報を秘匿でき，プライバシーを守ることができま

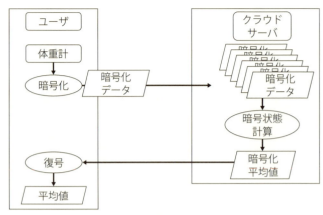

図 7.7 準同型暗号の応用

す．このとき，サーバが正しく暗号文同士の計算をすることが必要となりますが，その正しさをユーザ側で効率的に検証できる手法の研究も行われています．

7.7 グループ署名

暗号を応用した認証においても，高機能な方式の研究が進んでいます．通常のユーザ認証では，ユーザの ID をパスワードなどの認証情報とともにサーバに送り認証を行います．これにより正規ユーザ以外の不正アクセスを防止できます．一方で，ID の使用はプライバシーの問題を含んでいます（図 7.8）．ID を認証時に送るため，サーバ側は，どのユーザがどのサービスにアクセスしているかを常に把握できることになります．アクセス時刻の情報も取得できるとともに，近年では GPS の位置情報を使ったサービスを利用しているため，位置情報もサーバに送られる可能性があります．すなわち，誰が，どこから，いつ，どのようなサービスを利用しているか

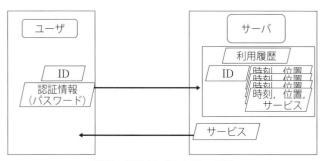

図7.8 認証でのプライバシー問題

という利用履歴がサーバ側に残ることになります．サーバはユーザの利用履歴を適切に管理する必要がありますが，不適切に他社に利用履歴が売られる可能性がありますし，内部犯やサーバへのサイバー攻撃により利用履歴が流出する可能性もあります．

このようなプライバシー問題に対して，匿名で（名前を明かさずに）認証を行う方式として，**グループ署名**（group signature）が研究されています．通常のディジタル署名ではユーザ個人を認証しますが，グループ署名では所属しているグループを認証します．このとき，ユーザがグループ内の誰であるかは，サーバに対して秘匿されます．例えば，会員制の音楽などのコンテンツ配信サービスを考えます．サービスを利用する前に，ユーザはグループ署名をサーバに送信することにより，正規会員のグループに属していることを認証します．これにより，会員でない者のアクセスを防止できます．一方で，グループ署名からユーザが誰であるかは分からないため，上述した利用履歴をサーバに取られるというプライバシー問題が防止できます．グループ署名ではグループへの所属を匿名で認証しますが，年齢や国籍などといったユーザの属性情報を匿名で認証する方式の研究も進んでいます．

暗号・認証技術の今後

　最後に，暗号・認証技術の最近の話題と今後にふれながら，本書をまとめたいと思います．

● **ポスト量子暗号**

　RSA暗号など現代暗号の安全性は，現在のコンピュータが現実的な時間で解けないことを安全性の根拠としています．一方で，近年，**量子コンピュータ**（quantum computer）と呼ばれる新しいタイプのコンピュータが研究されています．現在のコンピュータでは，各ビットは0か1で表され，そのどちらかであることは確定してコンピュータのメモリに記憶され，それが計算に用いられます．全ての鍵に対して暗号解読を行う場合，各ビットが0と1の全てのパターンに対して計算をするため，鍵サイズkに対して，2^kの計算が必要となり，鍵サイズが十分長ければ現実的な時間で解けないことになります．

　量子コンピュータでは，状態の重ね合わせを行います．これによ

り，0か1のどちらかではなく，両方の状態を保持して記憶することができます．こうして，ビットの全パターンを順番に計算するのではなく，重ね合わせた状態で一気に計算することができます．これを利用することにより，素因数分解や離散対数問題が効率的に解けることが知られています（ショアのアルゴリズム）．つまり，量子コンピュータが実現すると，現在使われているRSA暗号やエルガマル暗号が現実的な時間で解読されることになります．

量子コンピュータがいつ実現するかは分かりませんが，量子コンピュータ実現後に備えて，量子コンピュータに対しても安全な暗号として**ポスト量子暗号**（post-quantum cryptosystem）が研究されています．ポスト量子暗号は，素因数分解や離散対数問題とは異なる問題に依存してデザインされていて，格子暗号（lattice-based cryptosystem），多変数暗号（multivariate cryptosystem），符号に基づいた暗号（code-based cryptosystem）などがあります．今後も，これらの暗号の安全性評価や効率化の研究が進むと共に，さらに新しい暗号の出現も考えられます．

● IoTセキュリティ

IoT（Internet of Things）の時代が到来しました．IoTとは，従来のコンピュータやスマートフォンだけでなく，あらゆるモノが通信機能を持ち，相互に接続されたネットワークのことです．家，自動車，工場などに設置されたセンサーがモノの動きや電力，温度などの情報を収集してネットワークを通じて情報伝達し，それらをサーバで解析し，その解析結果を基にネットワークに接続されたモノを操作することができます．センサーからの情報収集，モノへの操作指示は，インターネットなどのネットワークを介して行われるため，暗号・認証技術によるセキュリティ確保は重要な課題です．

IoTでは，実時間での処理やセンサーからの大量のデータ送信などのため，高速な暗号や認証が必要となります．そこで安全性強度を利用シーンでの現実的なレベルに下げながら，より高速に動作する**軽量暗号**（lightweight cryptosystem）の研究が進められています．

IoTでは，**プライバシー保護**（privacy protection）も重要です．例えば，家に設置したセンサーからは，体重や脈拍などのヘルス情報，電力や水道・ガスの使用量，活動時間などのユーザの個人情報が取得される可能性があります．自動車の場合は，自動車の位置や，移動の履歴を取ることができます．このようなプライベートな情報は，他者に漏曳しないように秘匿しながら利用する必要があります．一方で，多数のユーザからの情報（ビッグデータ）を取得し，それをAIの技術を利用して解析することにより，新しいサービスを創出することが行われてきています．各家庭の電力情報を取得することにより，効率的に電力供給が実現できます．各自動車の位置情報や移動履歴により，渋滞予測や危険予知が可能となります．そこで，ユーザのプライバシーを保護しながらビッグデータの解析をするために，データを匿名化する手法の研究や，7.6節で紹介したような，準同型暗号を用いた暗号化状態での統計計算などの研究が進められています．また，7.7節で紹介したような，ユーザのプライバシーを保護した認証技術の研究も進んでいます．

● **最後に**

暗号・認証の研究・開発は，二つの側面を持っています．一つは，数学的・論理的な理論を用いて，暗号や認証の方式を実現するところです．公開鍵暗号は，一見できなさそうに見える，異なる暗号鍵と復号鍵による暗号を，数学的な問題を利用して実現しています．高機能暗号も，従来とは異なる新しい暗号を双線型写像という

数学的な技法により実現しています．今後も，様々な数学的な理論をベースとして，高機能暗号やポスト量子暗号のような新しいタイプの暗号や認証が生み出されていくと思います．

もう一つの側面は，クラウドやIoTなど最新の技術の実用化と密接に関係しているところです．コンピュータ技術・通信技術が日進月歩で進歩し新しい技術が出現しています．それに伴ない，通信・サービスのモデルや必要となるセキュリティも変わっていき，高機能暗号や軽量暗号のように新しい暗号・認証技術が必要となっていきます．今後も，新しい技術や通信・サービスに適応するような暗号・認証が必要とされ，新しい暗号・認証の提案とともに，その応用や実用化が進められていくと思います．

セキュリティ人材の不足が社会問題となってきています．本書を読んで現代暗号に興味を持つことにより，さらに暗号・認証技術や情報セキュリティについて勉強するとともに，最先端の暗号・認証技術やその応用・実用化についての研究や開発に関わる人が増えることを期待しています．

参考文献

暗号・認証技術に興味を持たれた方へ，以下に参考図書を挙げておきます．

- 『暗号解読』上・下，サイモン・シン著，青木薫訳，新潮社
- 『暗号技術入門』，結城浩，SB クリエイティブ
- 『トコトンやさしい暗号の本』，今井秀樹監修，日刊工業新聞社
- 『現代暗号への招待』，黒澤馨，サイエンス社
- 『暗号理論入門』，岡本栄司，共立出版
- 『サイバーセキュリティ入門』，猪俣敦夫，共立出版
- "Handbook of Applied Cryptography", Alfred J. Menezes, Paul C. van Oorschot and Scott A. Vanstone, CRC press (http://cacr.uwaterloo.ca/hac/)

安全，安心なサイバー社会をつくる暗号のしくみを学ぼう

　　　　　　　　　　　　　　コーディネーター　井上克郎

　現代の社会生活は，インターネットを始めとするコンピュータネットワークによって支えられています．ネットワークによる通信が安全に正しく機能することによって，我々の生命や財産が保全され，いろいろな社会活動が可能になっています．

　この通信の安全性を担保する技術が暗号です．暗号と聞くと何か隠された技術，秘密で後ろ向きの技術というような印象を持つかもしれませんが，現代の暗号技術は，きっちりとした数学的な理論を背景として，その方法や強さ，解読法などが，国際会議やワークショップなどの公の場で議論されています．非常に知的でオープンな，最先端の研究テーマとなっており，たくさんの優れた研究者が日々切磋琢磨して，新しい暗号方式やその応用，その安全性や解読方法を研究しています．

　暗号は，古くから軍事を主な目的として，いろいろな方式が考えられ，実際に用いられてきました．また，それとともに，暗号解読の技術も次々に考案され，昔の暗号が安全に用いることができなくなってきています．暗号の歴史をたどることは，人類の英知の変遷を眺めているようで，大変おもしろく，きっとわくわくすることでしょう．

　本書の目的は，コンピュータやネットワークの能力が飛躍的に向上した現代社会で，便利に利用できる暗号技術について，その基礎をきちんと紹介するとともに，それが現代社会でどのように応用さ

れているかを，できるだけ分かりやすく平易に解説することです．

現代の暗号は，その構成方法や安全性を，数学の問題の解法の難しさに帰着させており，いろいろな数学の基礎が必要となってきます．本書では，現在，実際に使われている種々の暗号や暗号技術を応用した署名，認証などについて，その方式や安全性の議論を，比較的簡単な数学の知識を用いて，丁寧に解説しています．ここでは，整数論，統計学，論理学，集合論などについて，高校生程度の知識を前提として詳しく解説するとともに，参考図書を示して，深く学習できるようにしています．

まず，第1章では，暗号の簡単な概念を紹介し，過去に用いられたいろいろな暗号方式のなかで，スキュタレー暗号という転置式暗号，シーザー暗号という換置式暗号，そして第二次世界大戦時にドイツで用いられたエニグマ暗号が詳しく説明されています．また，現代の暗号や認証技術の概要として，共通鍵暗号や公開鍵暗号の概念が説明されています．これらの暗号方式を理解することで，暗号の初歩に触れるとともに，以降の現代暗号への導入となっています．

第2章では，過去から現在までにわたって，いろいろな場面で頻繁に用いられる暗号の形態である共通鍵暗号について説明されています．究極の共通鍵暗号であるワンタイムパッドは，常に新しい鍵を用いるために，統計的な偏りをなくすことができ，攻撃者の解析の手がかりを消すことができます．しかし，暗号鍵が入力テキストに比例して長くなるために，長大な鍵の配送や保管の問題からあまり実用的ではないことが説明されています．このように，暗号技術では，単に暗号の強度が高く解読ができないことばかり目指すのではなく，実際に簡単に利用することができるか，を常に意識する必要があることが述べられています．その他にも，DESやASEなど，

Wi-FiやSSH接続などでお世話になるブロック暗号やそのモードについても詳しい説明があり，これらを使う際に，これらのパラメータの設定が何を意味しているのかが，よく分かるようになります．

　第3章では，現代暗号の中核技術である公開鍵暗号について詳しく説明されています．暗号のための鍵を公開する，という一見不思議な仕組みですが，秘密の鍵との組合せ方で，いろいろな実現方法を取ることができ，また，数多くの応用に用いることができるので，数多くの研究と実用化が精力的に行われている分野です．本書では，その代表的なものであるRSA暗号について，その原理とともに，巨大な整数の素因数分解の困難性に依存する安全性が詳しく説明されています．また，離散対数問題に依存するエルガマル暗号，楕円曲線を用いた楕円曲線暗号が，その数学的な背景とともに丁寧に説明されています．

　第4章では，まず，ハッシュ関数について説明されています．ハッシュ関数は，テキストやメッセージを短い固有の値に変換するもので，現在，仮想通貨やそれを実現するブロックチェーンなど，いろいろな方面で研究・利用が進んでいる技術です．また，鍵付きハッシュ関数を用いたメッセージ認証技術についても紹介されています．これによって，メッセージが送り主から正しく送られたもので，途中で改ざんが行われていないことを確認することができます．

　第5章では，ディジタル署名技術が詳しく紹介されています．4章のメッセージ認証技術では，メッセージの送り主の確認は，秘密鍵を共有する特定の相手のみ確認でき，それ以外の人にその正しさを示すことはできません．ディジタル署名技術では，公開鍵暗号を用いることによって，一般の第三者に，メッセージの正しさを示す

ことができます．ここでは，RSA やエルガマル暗号を用いた署名方法などの説明とともに，ゼロ知識証明と呼ばれる情報秘匿技術を用いたシュノア署名についても詳しく紹介されています．

第 6 章では，実際のインターネットで使われているいろいろな暗号や認証の具体的な技術の説明と，それらの安全性や問題点について議論されています．現在，大きな問題になっているフィッシングなどの Web サーバの偽造を防ぐためのサーバ認証や公開鍵証明書，PKI などが説明されています．また，SSL/TLS などの広く用いられている共通鍵暗号と公開鍵暗号との組合せ技術についても紹介されています．さらに，コンピュータ性能の向上によって暗号の安全性が低下することについて議論されています．

第 7 章では，高機能暗号と呼ばれる現代のコンピュータネットワークの利用方式に合った暗号システムが紹介されています．ここでは，一対多の放送型ネットワーク通信における秘密通信や認証，暗号文上での検索など，現在のいろいろなネットワーク利用の形態で必要とされる技術について紹介されています．

最後の第 8 章では，暗号や認証の将来技術について語られています．量子コンピュータが実現すると現代の暗号は簡単に解読される危険性がありますが，それを防ぐためのポスト量子暗号が研究されていることが紹介されています．また，IoT が実用段階になって，多数の機器の間を安全にかつ手軽につなぐ必要が生じてきています．これらの問題について議論されています．

本書の著者である中西透先生は，一貫して暗号や認証の技術を研究してこられている第一線の研究者であり，本書で書かれている分野に関して，広く精通されているとともに，多くの新しい方式の提案をされてきています．本書の狙いである暗号や認証の基礎，そしてその応用を紹介するには，最も相応しい著者といえるでしょう．

現在，サイバーセキュリティは大きな社会的な関心事になっています．いろいろな事件や事故が日々発生し，多くの社会的な損失を生んでいます．サイバー空間を安心して利用するためには，暗号や認証の技術は不可欠なものになっています．本書が多くの方々の目に触れることによって，暗号や認証の技術の根幹の理解が進み，安全なサイバー社会が実現することを切に望んでいます．

索 引

【欧字・数字】

AES 23
BEAST 85
CA 75
CBC-MAC 55
CBC モード 26
CRYPTREC 88
CTR モード 28
DES 19
DH 鍵共有 38
DSA 署名 64
ECB モード 24
ElGamal signature 64
Feistel 構造 19
HeartBleed 86
HMAC 55
HTTP 80
HTTPS 82
ID ベース暗号 90
IoT 108
IP 81
MAC 53
PKI 78
POODLE 85
RSA 暗号 32
RSA 署名 61
SHA-1 53
SHA-2 53
SPN 構造 23
SSL 80
TCP 81
TLS 80

【あ】

暗号化 3
暗号解読 3
暗号文 3
エルガマル暗号 37

【か】

鍵 3
偽装不能性 60
共通鍵暗号 9,13
グループ署名 105
群 42
検索可能暗号 94
計算量的安全性 87
軽量暗号 109
公開鍵暗号 9,31
公開鍵証明書 75

【さ】

サーバ認証 74
受信者 9
シュノア署名 67
準同型暗号 103
情報理論的安全性 86
ストリーム暗号 18
ゼロ知識証明 67

潜在的偽造不能性　64
送信者　9
双線型写像　90
属性ベース暗号　98

【た】

体　43
耐衝突性　49
楕円曲線暗号　42
ディジタル署名　11,59
電子署名　59
トリプルDES　22

【な】

認証局　75

【は】

バースデイパラドックス　52
ハイブリッド暗号　79
ハッシュ関数　49
ハンドシェイクプロトコル　82
平文　3
頻度解析　4

フィッシング　73
復号　3
プライバシー保護　109
ブロック暗号　19
ペアリング　90
放送型暗号　102
ポスト量子暗号　108

【ま】

メッセージ認証　11,53
モード　24

【や】

有限体　43

【ら】

離散対数問題　41
量子コンピュータ　107
レコードプロトコル　84

【わ】

ワンタイムパッド　13

著 者

中西 透（なかにし とおる）

1998年 大阪大学大学院基礎工学研究科博士後期課程単位取得退学
現　在 広島大学大学院工学研究院情報部門 教授 博士（工学）
専　門 情報セキュリティ，暗号理論

コーディネーター

井上克郎（いのうえ かつろう）

1984年 大阪大学大学院基礎工学研究科博士後期課程修了
現　在 大阪大学大学院情報科学研究科 教授 工学博士
専　門 ソフトウェア工学

共立スマートセレクション 12
Kyoritsu Smart Selection 12
現代暗号のしくみ
―共通鍵暗号，公開鍵暗号から
高機能暗号まで―
Mechanisms of Modern Cryptography

2017 年 1 月 10 日　初版 1 刷発行

検印廃止
NDC 007.1, 007.609, 547.483

ISBN 978-4-320-00912-7

著　者　中西　透　Ⓒ 2017
コーディネーター　井上克郎

発行者　南條光章

発行所　共立出版株式会社
郵便番号　112-0006
東京都文京区小日向 4-6-19
電話　03-3947-2511（代表）
振替口座　00110-2-57035
http://www.kyoritsu-pub.co.jp/

印　刷　大日本法令印刷
製　本　加藤製本

一般社団法人
自然科学書協会
会員

Printed in Japan

<出版者著作権管理機構委託出版物>
本書の無断複製は著作権法上での例外を除き禁じられています．複製される場合は，そのつど事前に，出版者著作権管理機構（ＴＥＬ：03-3513-6969，ＦＡＸ：03-3513-6979，e-mail：info@jcopy.or.jp）の許諾を得てください．

共立 スマート セレクション

見つかる（未来），深まる（知識），広がる（世界）

本シリーズでは，自然科学の各分野におけるスペシャリストがコーディネーターとなり，「面白い」「重要」「役立つ」「知識が深まる」「最先端」をキーワードにテーマを精選しました。

第一線で研究に携わる著者が，自身の研究内容も交えつつ，それぞれのテーマを面白く，正確に，専門知識がなくとも読み進められるようにわかりやすく解説します。日進月歩を遂げる今日の自然科学の世界を，気軽にお楽しみください。

【各巻：B6判・並製本・税別本体価格】

❶ 海の生き物はなぜ多様な性を示すのか
― 数学で解き明かす謎 ―
山口 幸著／コーディネーター：巌佐 庸
目次：海洋生物の多様な性／海洋生物の最適な生き方を探る／他　176頁・本体1800円

❷ 宇宙食 ― 人間は宇宙で何を食べてきたのか ―
田島 眞著／コーディネーター：西成勝好
目次：宇宙食の歴史／宇宙食に求められる条件／NASAアポロ計画で導入された食品加工技術／他　126頁・本体1600円

❸ 次世代ものづくりのための 電気・機械一体モデル
長松昌男著／コーディネーター：萩原一郎
目次：力学の再構成／電磁気学への入口／電気と機械の相似関係／物理機能線図　200頁・本体1800円

❹ 現代乳酸菌科学 ― 未病・予防医学への挑戦 ―
杉山政則著／コーディネーター：矢嶋信浩
目次：腸内細菌叢／肥満と精神疾患と腸内細菌叢／乳酸菌の種類とその特徴／乳酸菌のゲノムを覗く／他　142頁・本体1600円

❺ オーストラリアの荒野によみがえる原始生命
杉谷健一郎著／コーディネーター：掛川 武
目次：「太古代」とは？／太古代の生命痕跡／現生生物に見る多様性と生態系／謎の太古代大型微化石／他　248頁・本体1800円

❻ 行動情報処理 ― 自動運転システムとの共生を目指して ―
武田一哉著／コーディネーター：土井美和子
目次：行動情報処理のための基礎知識／行動から個性を知る／行動から人の状態を推定する／他　100頁・本体1600円

❼ サイバーセキュリティ入門
― 私たちを取り巻く光と闇 ―
猪俣敦夫著／コーディネーター：井上克郎
目次：インターネットにおけるサイバー攻撃／他　240頁・本体1600円

❽ ウナギの保全生態学
海部健三著／コーディネーター：鷲谷いづみ
目次：ニホンウナギの生態／ニホンウナギの現状／ニホンウナギの保全と持続的利用のための11の提言／他　168頁・本体1600円

❾ ICT未来予想図
― 自動運転，知能化都市，ロボット実装に向けて ―
土井美和子著／コーディネーター：原 隆浩
目次：ICTと社会とのインタラクション／自動運転システム／他　128頁・本体1600円

❿ 美の起源 ― アートの行動生物学 ―
渡辺 茂著／コーディネーター：長谷川寿一
目次：経験科学としての美学の成り立ち／美の進化的起源／美の神経科学／動物たちの芸術的活動／他　164頁・本体1800円

⓫ インタフェースデバイスのつくりかた
― その仕組みと勘どころ ―
福本雅朗著／コーディネーター：土井美和子
目次：インタフェースとは何か？／インタフェースの仕組み／他　160頁・本体1600円

⓬ 現代暗号のしくみ
― 共通鍵暗号，公開鍵暗号から高機能暗号まで ―
中西 透著／コーディネーター：井上克郎
目次：暗号とは？／共通鍵暗号／公開鍵暗号／他　128頁・本体1600円

http://www.kyoritsu-pub.co.jp/　　共立出版　　（価格は変更される場合がございます）